AF233205

TABLES
DE COMPARAISON
ENTRE LES ANCIENS
POIDS ET MESURES
ET LES
POIDS ET MESURES MÉTRIQUES.

Tout exemplaire qui ne porterait pas comme ci-dessous les signatures des auteurs, sera contrefait. Les mesures nécessaires seront prises pour atteindre, conformément à la loi, tous contrefacteurs et débitans de ces exemplaires.

J. Durant   M. Bastide

TABLES
DE COMPARAISON

ENTRE LES ANCIENS

POIDS ET MESURES

DE TOUTES LES COMMUNES

DU DÉPARTEMENT DU GARD,

ET LES

POIDS ET MESURES MÉTRIQUES;

PRÉCÉDÉES

D'une exposition du Nouveau Système, et du Calcul Décimal appliqué aux nouvelles mesures ;

ET TERMINÉES

Par un Appendice relatif aux Mesures usuelles dont l'emploi est toléré par le Gouvernement ;

PAR

S. DURANT, Ingénieur-vérificateur du cadastre ;
Et ALEXANDRE BASTIDE, Géomètre de première classe.

PRIX : 3 fr.

A NISMES,
CHEZ GAUDE FILS, IMPRIMEUR-LIBRAIRE. 1816.

AVERTISSEMENT.

D[illegible] long-temps le public avait témoigné le désir que l'on fît imprimer les [illegible] de comparaison entre les anciens [illegible] mesures et les nouveaux, pour [illegible] du département. Celles que nous avons l'hon[illegible] au-jourd'hui sont le résultat des renseignemens que nous avons nous-mêmes recueillis dans [illegible], et des recherches que nous avons faites dans les [illegible]. On y trouvera la valeur des anciennes mesures en nouvelles, et celle des nouvelles en anciennes, non seulement pour l'unité principale adoptée dans chaque espèce de mesures, mais encore pour toutes ses subdivisions.

Ces tables sont précédées d'une exposition du système métrique, et d'un traité du calcul décimal appliqué aux nouvelles mesures.

Le reste de l'ouvrage est divisé en six sections, dont la première est relative aux mesures de longueur et aux mesures carrées et cubiques qui en sont formées. L'usage des tables contenues dans cette section se réduit à de simples additions, comme on le verra par les exemples dont chaque table est accompagnée.

La seconde section a pour objet les mesures agraires.

La troisième, la quatrième et la cinquième sections, sont relatives aux mesures de capacité pour les matières sèches et liquides.

Les mesures agraires et les mesures de capacité variaient d'une commune à une autre : on trouvera dans chacune des quatre dernières sections dont nous venons de parler, autant de tables que l'espèce de mesures qui y est relative, présentait de variétés dans l'étendue du département. Ces tables sont numérotées, et la série des numéros recommence à chaque section ; l'usage en est amplement développé dans l'exposition du calcul décimal.

Enfin, la sixième section concerne les mesures de pesanteur ou les poids. On y trouvera des tables pour le poids de marc et pour le poids de table.

Une liste alphabétique des communes du département, placée à la suite de la sixième section, indique les numéros des tables auxquels il faut recourir pour chaque commune et pour chaque espèce de mesures variables.

Nous avons terminé cet ouvrage par un Appendice relatif aux mesures usuelles dont l'emploi est *seulement* toléré par le gouvernement.

EXPOSITION

DU SYSTÈME

DES POIDS ET MESURES,

FONDÉ

SUR LA LONGUEUR DU MÉRIDIEN.

Mesurer une quantité, c'est la comparer à une quantité plus petite et de la même espèce, pour déterminer combien de fois celle-ci, que l'on considère comme *unité* ou *mesure*, est contenue dans la première.

D'après ce principe, les *longueurs* doivent se mesurer par des longueurs; les *surfaces*, par des surfaces, etc.

Nous distinguerons donc :

1.° Les *mesures de longueur*. Ces mesures se divisent en mesures *linéaires* ou d'une longueur de peu d'étendue, et en mesures *itinéraires* ou d'une longueur de grande étendue.

2.° *Les mesures carrées* ou *de superficie* qui servent à déterminer l'étendue superficielle d'un terrain, d'un pavé, d'une table, et en général, de tout ce qui a longueur et largeur. On les divise en mesures *de surface* ou d'une superficie de peu d'étendue, et en mesures *agraires* ou d'une superficie de grande étendue.

3.° Les *mesures cubiques*, qui servent à déterminer le volume, ou la grandeur des corps, eu égard à leurs trois dimensions longueur, l'argeur et hauteur. Ces mesures se divisent en mesures de *solidité*, et en mesures de *capacité* ou de *contenance*. Les premières ont pour objet le mesurage de tous les corps solides ou massifs; les secondes servent à déterminer le vide d'un vaisseau, ou bien, la quantité de matières sèches ou liquides contenue dans un vase de quelque forme et grandeur qu'il soit.

4.° *Les mesures de pesanteur*, plus simplement désignées sous le nom de *poids*.

5.° Enfin, *les monnaies*, qui peuvent se lier aux mesures par leur poids, leur valeur et leurs dimensions.

Les mesures que l'usage avait introduites dans chaque espèce de grandeurs, variaient d'un lieu à un autre; quelquefois dans la même ville ou sur le territoire d'une même commune. Le département du Gard en offre un grand nombre d'exemples.

Cette diversité des anciens poids et mesures, la difficulté de les connaître et de les comparer, l'embarras et les fraudes qui en résultaient dans le commerce, enfin, leurs divisions bisarres et incommodes pour les calculs, sont les principaux motifs pour lesquels on a établi en France un nouveau système de poids et mesures.

Ce système simple et régulier dans toutes ses parties, n'emploie que des mesures uniformes et invariables, déduites des dimensions mêmes de la terre, de la manière la moins arbitraire, et dont les divisions régulières et conformes à l'échelle arithmétique se prêtent le plus facilement au calcul.

Les mesures de longueur, les mesures carrées et cubiques, les poids, et en général, les mesures de différente espèce, semblent, au premier coup d'œil, n'avoir entre elles que des rapports fort éloignés. Il existe cependant, parmi ces différentes mesures, une certaine connexité qui a permis de les établir sur une même base; d'où résultent des avantages précieux que l'on ne pouvait trouver dans les anciennes mesures, parce qu'elles avaient été choisies arbitrairement et comme au hasard. Quelques détails suffiront pour faire connaître les rapports qui existent entre les mesures de différente espèce, et pour faire voir comment on a pu les établir sur une base commune.

MESURES DE LONGUEUR,

Divisées en mesures linéaires et mesures itinéraires.

Cette base a été déduite du quart du méridien terrestre, ou de la distance du pole à l'équateur, qui répond à 5,130,740 toises.

On a divisé cette distance en dix parties égales, chacune de ces dix parties en dix autres, et ainsi de suite, dans la vue de chercher parmi ces divisions successives une longueur qui fût propre à servir d'unité linéaire, pour remplacer les différentes unités anciennement en usage. La septième de ces divisions, ou la dix-millionième partie du quart du méridien, a donné une longueur de 3 pieds 11 lignes $\frac{296}{1000}$, qu'on a adoptée pour *unité fondamentale* des nouvelles mesures, et à laquelle on a donné le nom de *mètre*.

Le mètre a été divisé en dix, en cent, en mille parties égales, afin d'obtenir des unités de plus en plus petites, propres à mesurer les dimensions moindres que le mètre; ces subdivisions ont reçu des noms différens, mais faciles à retenir :

La dixième partie du mètre se nomme *décimètre* ;

La centième partie se nomme *centimètre* ;

La millième partie se nomme *millimètre*.

La division de dix en dix, qu'on appelle *division décimale* est infiniment préférable aux divisions irrégulières des anciennes mesures, parce que cette division, conforme à l'échelle numérique, abrège et simplifie les opérations de l'arithmétique qui ont les mesures pour objet. C'est pour cette raison qu'on l'a également adoptée dans toutes les autres espèces de mesures.

Le mètre a été multiplié par dix, par cent, par mille et par dix-mille, afin de composer des unités propres à mesurer les grandes distances :

De 10 mètres, on a formé un *décamètre*;
De 100. . . . . un *hectomètre*;
De 1,000. . . . . un *kilomètre*;
De 10,000. . . . . un *myriamètre*.

Ainsi, le mètre est l'élément de toutes les mesures de longueur : les mesures inférieures, en sont des fractions décimales, et les supérieures, des multiples décimaux;

En sorte que le myriamètre contient 10 *kilomètres*;
Le kilomètre . . . . 10 *hectomètres*;
L'hectomètre . . . . 10 *décamètres*;
Le décamètre . . . . 10 *mètres*;
Le mètre. . . . . 10 *décimètres*;
Le décimètre . . . . 10 *centimètres*;
Le centimètre . . . . 10 *millimètres*;
Et ainsi de suite.

Le mètre et ses fractions décimales, employés comme mesures linéaires, remplacent avantageusement la toise, l'aune, la canne et leurs subdivisions.

Le kilomètre et le myriamètre servent de mesures itinéraires, et remplacent l'ancienne lieue.

MESURES CARRÉES OU DE SUPERFICIE,

Divisées en mesures de surface et en mesures agraires.

1.° MESURES DE SURFACE.

Les mesures de superficie dérivent naturellement des mesures de longueur. Une figure carrée ayant un mètre de long, sur un mètre de large, renferme un espace qu'on appelle *mètre carré.*

On entend de même ce que signifient un décimètre, un centimètre et un millimètre carrés.

Le mètre carré contient 100 décimètres carrés, puisqu'il a dix décimètres de long sur dix décimètres de large.

Par une raison semblable, le décimètre carré contient 100 centimètres carrés.

Le centimètre carré contient 100 millimètres carrés.

Le mètre, le décimètre et le centimètre carrés conviennent comme unités aux mesures de surface ou d'une superficie de peu d'étendue. Ces mesures s'appliquent à tous les cas où l'on employait la toise ou la canne carrées, le pied ou le pan carrés, etc.

On ne doit pas confondre les décimètres, centimètres et millimètres carrés, avec les dixièmes, centièmes et millièmes du mètre carré : un décimètre carré répond à un centième du mètre carré, et non à un dixième ; puisque, comme nous l'avons déjà fait remarquer, le mètre carré contient 100 décimètres carrés.

De même, un centimètre carré répond à un dix-millième du mètre carré, et non à un centième ;

Le millimètre carré, à un millionième, et non à un millième.

2.° MESURES AGRAIRES.

Les opérations de l'arpentage s'exécutant le plus souvent sur des surfaces d'une étendue considérable, exigent l'emploi d'une mesure plus grande que le mètre carré.

Une surface carrée ayant dix mètres de long sur dix mètres de large (1), a été choisie pour unité des mesures agraires, et on l'a nommée *are*.

(1) Un décamètre carré.

L'are

L'are se divise en . . . . . . 10 *déciares*;
Le déciare se subdivise en. . 10 *centiares*.

On peut remarquer que le centiare n'est autre chose que le mètre carré, puisque l'are, qui a dix mètres en tout sens, contient 100 mètres carrés.

L'are, multiplié par dix, par cent, par mille et par dix-mille, fournit des unités propres à mesurer de plus grandes surfaces.

10 ares forment un *décare*;
100 . . . . un *hectare*;
1000 . . . . un *kilare*;
10000 . . . . un *myriare*.

Le myriare s'emploie au mesurage des grands territoires. C'est un kilomètre carré, ou une surface contenant 1,000,000 mètres carrés.

L'arpentage des terrains se faisoit autrefois en Cannes, Arpents et Dextres carrés, que l'on réduisoit en Salmées ou en Seterées plus ou moins grandes, selon les localités. Ces opérations s'exécutent aujourd'hui en Mètres carrés, et les contenances qui en résultent se réduisent en hectares, ares et centiares.

L'hectare, comme nous l'avons dit, contient . . . . 100 *ares*;
L'are . . . . 100 *centiares.*

Ainsi, l'hectare contient 10,000 centiares ou mètres carrés.

MESURES CUBIQUES,

Divisées en Mesures de solidité et Mesures de capacité ou de contenance.

1.° MESURES DE SOLIDITÉ.

Les mesures cubiques tirent leur origine du mètre, aussi bien que les mesures carrées.

Un cube est un corps terminé par six faces carrées et égales.

Un cube dont chaque face est un mètre carré, ou si l'on veut, dont chaque dimension ou côté est un mètre linéaire, s'appelle un *mètre cube.*

On comprend de même ce que signifient un décimètre, un centimètre et un millimètre cubes.

Ces différents cubes forment les unités des

mesures de solidité, et s'emploient au mesurage des corps solides ou massifs, à la place de la toise et de la canne cubes, du pied et du pan cubes, etc.

Il est important de ne pas confondre les décimètres, centimètres et millimètres cubes, avec les dixièmes, centièmes, et millièmes du mètre cube :

Le mètre cube contient 1000 décimètres cubes, parce qu'il a 10 décimètres de long, sur 10 décimètres de large, et 10 décimètres de haut.

Par une raison semblable, le décimètre cube contient 1000 centimètres cubes ;

Le centimètre cube contient 1000 millimètres cubes.

Il suit de là, que le décimètre cube répond à un millième du mètre cube, et non à un dixième ;

Le centimètre cube répond à un millionième, et non à un centième, etc.

Lorsque le mètre cube est employé au mesurage du bois de chauffage, il prend le nom de *stère*, et se divise en 10 *décistères*.

2.° MESURES DE CAPACITÉ
OU DE CONTENANCE.

L'usage journalier que l'on fait des mesures de capacité, exigeant que l'unité n'ait que de petites dimensions, on a choisi pour cette unité la capacité d'un décimètre cube, et on lui a donné le nom de *litre*.

Le litre se divise en . . . . 10 *décilitres* ;
Le décilitre se subdivise en 10 *centilitres* ;
Le centilitre en . . . . 10 *millilitres* ;
Le millilitre répond au centimètre cube.

On compose des unités plus grandes pour le commerce en gros, en multipliant le litre par dix, par cent et par mille :

Ainsi, de 10 litres, on forme un *décalitre* ;
de 100 . . . . un *hectolitre* ;
de 1000 . . . . un *kilolitre* ;
Le kilolitre répond au mètre cube.

Ces différentes unités servent au mesurage des grains et autres matières sèches, et des liquides.

MESURES DE PESANTEUR,
OU POIDS.

Les poids qui semblent, au premier coup-d'œil, n'avoir aucun rapport avec les mesures de longueur, en ont cependant été déduits, de même que les autres espèces de mesures, et l'on a adopté, pour unité, le poids d'un centimètre cube d'eau distillée : on lui a donné le nom de *gramme*.

Le gramme se divise en 10 *décigrammes* ;
Le décig. se subdivise en 10 *centigrammes* ;
Le centigramme en . . 10 *milligrammes*.

Le milligramme est le poids d'un millimètre cube d'eau.

On déduit du gramme différents multiples décimaux :

10 grammes forment un *décagramme* ;
100 . . . . un *hectogramme* ;
1000 . . . . un *kilogramme* ;
10000 . . . . un *myriagramme*.

Le kilogramme est le poids d'un décimètre cube d'eau, qui répond à 2 livres 5 gros 35 grains $\frac{15}{100}$, poids de marc.

MONNAIES.

Les monnaies ont été soumises au système général des mesures, tant pour leur poids que pour leurs dimensions (1). On a adopté

(1) Les pièces de 20 fr. ont 21 millimètres de diamètre ; celles de 40 fr. ont 26 millimètres ; de sorte que 34 pièces de 20 fr. et 11 de 40 fr. mises l'une à côté de l'autre, en ligne droite, donneront la longueur du mètre.

pour unité monétaire, une pièce d'argent du poids de cinq grammes, contenant un dixième d'alliage, et neuf dixièmes d'argent pur, et on lui a donné le nom de *franc* (1).

Le franc vaut 10 *décimes*;

Le décime vaut 10 *centimes*.

Ainsi le franc vaut 100 *centimes*.

Le décime est une pièce de cuivre qui pèse 2 décagrammes.

---

(1) La pièce de 5 fr. pèse 25 grammes, et vaut 5.[l] 1.[s] 3.[d] de l'ancienne monnaie.

Le poids du franc étant déterminé, on peut s'en servir pour peser les corps.

DE LA NOMENCLATURE.

On a dû remarquer, par ce qui précède, que l'unité principale de chaque espèce de mesures, reçoit un nom particulier : de là viennent les noms de *mètre*, *are*, *stère*, *litre* et *gramme*.

Les noms des subdivisions et ceux des multiples se forment ensuite en faisant précéder le nom de l'unité principale, des mots *déci*, *centi*, *milli*, etc., et *déca*, *hecto*, *kilo*, *myria*, etc. Ces mots sont comme autant de prénoms qui servent à désigner le rapport existant entre l'unité principale, et les subdivisions ou les multiples qui en sont déduits. Par exemple, le mot *déca*, qui signifie *dix* fait voir dans le *décamètre*, une mesure contenant dix mètres ; dans le *décalitre*, une mesure contenant dix litres, etc. Le mot *déci*, annonce, au contraire, que le *décimètre*, est la dixième partie du mètre, le *décilitre*, la dixième partie du litre, etc.

Les mots qui servent à désigner les multiples ne s'appliquent point au *stère* ou mètre cube ; on ne dit point *décastère*, *hectostère*, etc ; mais on exprime les quantités plus grandes que cette unité, par la suite naturelle des nombres 1, 2, 3, 4, etc. stères.

TABLE

DES ABRÉVIATIONS

Des noms de Mesures *et de* Poids, *tant anciens que nouveaux.*

Mètre.....	*mt.*	Toise........	*t.*
Are.......	*ar.*	Pied.........	*p.*
Stère.....	*st.*	Pouce.......	*po.*
Litre......	*l.*	Ligne........	*lig.*
Gramme...	*gm.*	Aune........	*aun.*
Franc.....	*f.*	Canne.......	*cn.*
Décime....	*dme.*	Pan.........	*pn.*
Centime...	*cme.*	Menu........	*mn.*
Millime....	*mme.*	Livre........	*liv.*
		Once........	*on.*
Déci......	*d.*	Gros........	*gr.*
Centi......	*c.*	Grain........	*gn.*
Milli......	*m.*		
Déca......	*dc.*	Carré *ou* carrée	*cr.*
Hecto.....	*h.*	Cube........	*cb.*
Kilo......	*k.*		
Myria.....	*my.*		

DU CALCUL DÉCIMAL,

Appliqué aux nouvelles Mesures.

Le calcul décimal s'emploie dans toutes les opérations arithmétiques qui ont les nouvelles mesures pour objet. C'est pour cette raison, que nous avons jugé convenable de développer ici les principes de ce calcul.

Nous ne supposons dans le lecteur que la connaissance des quatre premières opérations de l'arithmétique, l'addition, la soustraction, la multiplication et la division ordinaires. Ces connaissances préliminaires suffisent pour pouvoir entendre tout ce que nous dirons sur les fractions décimales, et exécuter tous les calculs qui y sont relatifs.

Une *fraction*, en général, est une quantité plus petite que l'unité. Pour s'en former une idée, il faut concevoir l'unité divisée en plusieurs parties égales, et ne considérer, par la pensée, qu'un certain nombre de ces parties.

On a, par conséquent, besoin de deux

nombres pour représenter une fraction : l'un, pour marquer en combien de parties égales l'unité a été divisée ; l'autre, pour indiquer combien on a pris de ces parties. Ce dernier s'appelle *numérateur*, et l'autre *dénominateur* On les appelle aussi, d'un nom commun, *les deux termes de la fraction.* Le dénominateur s'écrit au-dessous du numérateur dont on le sépare par un trait. Ainsi, dans la fraction $\frac{3}{4}$, le nombre 4 est le dénominateur : il désigne que l'unité est partagée en quatre parties égales ; le nombre 3 est le numérateur : il annonce que l'on prend trois de ces parties.

Il est évident que les *unités fractionnaires* qu'exprime le numérateur sont d'autant plus petites que le dénominateur est plus grand; et qu'elles sont, au contraire, d'autant plus grandes que le dénominateur est plus petit ; car, plus est grand le nombre des parties égales dans lesquelles un tout est divisé, plus ces parties sont petites, et réciproquement. Donc, si on multiplie le dénominateur par 2, ou par 3, ou par 4, etc. le numérateur exprimera des unités 2 fois, 3 fois, 4 fois plus petites qu'auparavant ; il exprimera, au contraire, des unités, 2 fois, 3 fois, 4 fois plus grandes, si on divise le dénominateur par 2, ou par 3, ou par 4, etc.

Ainsi, les quarts sont deux fois plus petits que les demis; les douzièmes, trois fois plus petits que les quarts, etc.

Il suit de là qu'en doublant le dénominateur d'une fraction, on prend la moitié de cette fraction, puisque son numérateur exprime alors des parties deux fois plus petites qu'auparavant; de sorte que, pour ramener la fraction à sa première valeur, il faudroit rendre le nombre de ces parties deux fois plus grand, c'est-à-dire, doubler le numérateur de la fraction.

Donc, une fraction ne change pas de valeur, toutes les fois qu'on double son dénominateur, pourvu qu'en même-temps, on double son numérateur.

Par une raison semblable, on n'altère nullement la valeur d'une fraction en rendant son dénominateur triple, quadruple, etc. pourvu que l'on rende aussi son numérateur triple, quadruble, etc.

On démontreroit de même qu'on ne trouble point la valeur d'une fraction, en prenant simultanément la moitié, le tiers, le quart, etc. du numérateur et du dénominateur.

En résumant ces raisonnements, on voit, en général, qu'*une fraction ne change pas de valeur, quand on multiplie, ou quand on divise ses deux termes par le même nombre.*

Ainsi, $\frac{1}{2}$ a la même valeur que chacune des fractions $\frac{2}{4}$, $\frac{3}{6}$, $\frac{4}{8}$, $\frac{5}{10}$, etc. que l'on obtient en multipliant les deux termes de la fraction proposée successivement par 2, 3, 4, 5, etc.

De même en divisant, les deux termes de $\frac{21}{35}$ par 7, on a la fraction équivalente $\frac{3}{5}$.

Si l'on divise successivement l'unité en dix, en cent, en mille, en dix-mille, etc. parties égales, on formera différents ordres d'unités fractionnaires, qui deviendront de dix en dix fois plus petites ; c'est-à-dire, des *dixièmes*, des *centièmes*, des *millièmes*, des *dix-millièmes*, etc. ; et si, dans chaque ordre, on prend un certain nombre d'unités, il en résultera des fractions, dont les dénominateurs seront toujours exprimés par l'unité suivie d'un ou de plusieurs zéros. Ces sortes de fractions s'appellent *fractions décimales*, ou simplement *décimales*. Telles sont $\frac{3}{10}$, $\frac{7}{100}$, $\frac{28}{1000}$, etc.

Les décimales s'écrivent d'une manière abrégée, en supprimant les dénominateurs, et en assignant à chaque numérateur, un rang particulier, qui indique le dénominateur supprimé qui lui convient, et qui doit être toujours *sous-entendu.*

En conséquence, les dixièmes s'écrivent au premier rang, c'est-à-dire, immédiatement à droite des unités entières; dont on les sépare par un point ou par une virgule, afin de prévenir l'équivoque, et de ne pas donner lieu de prendre les unités pour des dixièmes; les centièmes, s'écrivent au second rang, ou à la droite des dixièmes; les millièmes, au troisième rang, et ainsi de suite.

EXEMLPES. $3 \frac{5}{10}$ s'écrivent ainsi : 3,5,
$9 \frac{7}{10}$ plus $\frac{8}{100}$ 9,78,
$15 \frac{3}{10}$ plus $\frac{9}{100}$ plus $\frac{5}{1000}$ 15,395.

Si dans la suite des décimales proposées, il y avoit un ou plusieurs ordres intermédiaires vacants, on mettroit à la place un ou plusieurs zéros, afin de conserver aux unités des ordres inférieurs le rang qui leur est assigné. Par exemple, pour exprimer $8 \frac{3}{100}$, on écriroit 8, o3, en mettant un zéro à la place des dixièmes qui manquent, car, sans cela, la chiffre 3, qui exprime des centièmes, et qui, pour cette raison, doit être placé au second rang, se trouveroit au premier, et représenteroit, par conséquent, des dixièmes. De même,

$3\frac{5}{1000}$ s'écrivent ainsi : 3,005,
$9\frac{1}{10}$ plus $\frac{4}{10000}$ . . . . 9,1004.

S'il n'y avoit point d'entiers dans la quantité proposée, on les remplaceroit également par un zéro. Pour exprimer $\frac{8}{100}$, on écriroit 0,08.

Enfin, si la fraction proposée avoit pour numérateur un nombre composé de plusieurs chiffres, l'opération ne seroit pas plus compliquée. Proposons-nous, par exemple, $\frac{568}{1000}$. Cette fraction se décompose en $\frac{500}{1000}$ plus $\frac{60}{1000}$ plus $\frac{8}{1000}$; or, si l'on divise les deux termes de la première par 100, et les deux termes de la seconde par 10, ce qui ne peut troubler la valeur de l'une ni de l'autre, on verra que la quantité proposée est la même chose que $\frac{5}{10}$ plus $\frac{6}{100}$ plus $\frac{8}{1000}$, et qu'elle doit, par conséquent, s'écrire ainsi : 0,568.

Soit encore $\frac{324}{100000}$. On décompose cette fraction en $\frac{300}{100000}$ plus $\frac{20}{100000}$ plus $\frac{4}{100000}$; or, ces trois fractions équivalent à $\frac{3}{1000}$ plus $\frac{2}{10000}$, plus $\frac{4}{100000}$, et l'on doit, par conséquent, écrire 0,00324.

On voit par ces exemples que l'opération se réduit à écrire le numérateur de la fraction proposée à la suite de la virgule, en le faisant précéder, s'il est nécessaire, d'un ou de plusieurs zéros, de manière que le dernier chiffre se trouve au rang déterminé par le nombre des zéros contenus dans le dénominateur. C'est ainsi que dans notre dernier exemple, nous avons ajouté deux zéros à la gauche du numérateur, parce qu'il ne contenoit que trois chiffres, tandis qu'il y avoit cinq zéros dans le dénominateur.

Les chiffres écrits à la droite de la virgule, ou qui représentent des décimales, s'appellent *chiffres décimaux.*

Une quantité décimale étant écrite, comme nous venons de dire, on peut l'énoncer d'une manière abrégée, en exprimant en un seul nombre tous les chiffres décimaux, et ajoutant à la fin le nom du dénominateur qui convient au dernier chiffre. Par exemple, pour énoncer 0,356; au lieu de dire séparément : trois dixièmes, cinq centièmes, six millièmes, on peut dire plus simplement : trois cent cinquante-six millièmes ; car, la première fraction $\frac{3}{10}$ peut être exprimée par $\frac{300}{1000}$, en multipliant ses deux termes par 100, ce qui n'en change pas la valeur ; la seconde $\frac{5}{100}$ peut s'exprimer par $\frac{50}{1000}$, en multipliant ses deux termes par 10, et la troisième est $\frac{6}{1000}$; donc la totalité est égale à trois cent cinquante-six millièmes.

Il est à propos de remarquer ici qu'on ne change pas la valeur des décimales, en leur ajoutant ou en leur retranchant vers la droite, un ou plusieurs zéros ; car cette opération ne dérange nullement le rang des chiffres décimaux qui précèdent : ainsi 0,5 sont la même chose que 0,50, ou 0,500, ou 0,5000, etc. On voit d'ailleurs que l'addition ou la suppression d'un ou de plusieurs zéros, rend les deux termes de la fraction 10, 100, 1000, etc. fois plus grands ou plus petits, et ne change, par conséquent pas, la valeur de la fraction.

Il n'en est pas de même d'un ou de plusieurs zéros placés à gauche : un zéro rend la fraction dix fois plus petite ; deux zéros, la rendent cent fois plus petite, et ainsi de suite. En effet, le chiffre

5,

5, qui exprime des dixièmes dans la fraction 0,5, exprimera des centièmes dans la fraction 0,05; des millièmes dans la fraction 0,005, etc.

Réciproquement, un zéro retranché vers la gauche, rend la fraction dix fois plus grande; deux zéros, la rendent cent fois plus grande, et ainsi de suite.

Une observation que nous ne devons pas renvoyer plus loin, c'est que les nouvelles mesures étant divisées et subdivisées en parties de dix en dix fois plus petites, il s'ensuit que toutes ces divisions et subdivisions ne sont autre chose que des fractions décimales de l'unité dont elles dérivent, et qu'on peut les écrire de la même manière que les décimales; en ajoutant seulement à l'emploi de la virgule, celui de l'abréviation qui indique l'espèce d'unité que l'on considère. Par exemple :

Les décimètres, les centimètres, les millimètres, etc. sont respectivement des dixièmes, des centièmes, des millièmes de mètre;

Les déciares, les centiares, les milliares, etc. sont des dixièmes, des centièmes, des millièmes d'are, et ainsi des autres espèces de mesures.

D'après cela,

8 mèt.es 5 décimèt.es s'écrivent ainsi : 8,5 mt.,
15 mètres 34 millimètres 15,034,
32 mètres 45 dix-millimètres . . . . 32,0045.

4568 ares 25 centiares, s'écrivent 4568,25 ar.

On est également dans l'usage de distinguer les hectares, les ares et les centiares, par l'abréviation qui leur convient respectivement, et d'écrire seulement les quantités inférieures au centiare ou mètre carré sous la forme de décimales ; d'après cela, la quantité proposée peut encore s'écrire ainsi : 45 h.ar. 68 ar. 25 c.ar.

De même,

3479 ares 25368 cent-milliares, s'écrivent 3479 ar.,25368,

ou bien. . . . . . 34 h.ar. 79 ar. 25,368 c.ar. (1).

---

(1) Comme le centiare n'est autre chose que le mètre carré, on distingue plus clairement, par cette seconde expression, quoique moins naturelle que la première, le rapport de la quantité proposée au mètre carré, ou le nombre de mètres carrés contenus dans cette quantité : les chiffres placés à gauche de la virgule désignent des

c'est-à-dire, 34 hectares 79 ares 25 centiares, 368 millièmes de centiare.

368 litres 25 centilitres, s'écrivent 368,25,

ou, si l'on veut, 3 h.l. 6 dc.l. 8,25 l.

475 gram. 86 milligram. s'écrivent 475,086 gm.

ou, si l'on veut, 4 hgm. 7 dc.gm. 5,086 gm.

15 francs 45 centimes, s'écrivent 15,45 f.

25 francs 76 millimes 25,076.

Nous devons ajouter ici quelques observations sur la manière d'écrire les mesures de surface, et celles de solidité.

Mesures de surface. Le mètre carré étant l'unité des mesures de surface, les décimètres carrés seront des centièmes de cette unité, et non des dixièmes; car il faut

---

mètres carrés; ceux à droite expriment, de deux en deux, des décimètres carrés, des centimètres carrés, etc. Ainsi, la quantité proposée n'est autre chose que 347925 mètres carrés 36 décimètres carrés 80 centimètres carrés. (*Voyez ce qui est dit sur la manière d'écrire les mesures de surface, pages 35 et suivantes.*)

100 décimètres carrés, pour composer le mètre carré. (*Voyez l'exposition du système métrique.*) Les centimètres carrés seront des dix-millièmes de la même unité ; les millimètres carrés en seront des millionièmes, etc.

On voit par-là que chaque subdivision carrée doit occuper deux rangs parmi les décimales ; de sorte que l'on commettroit une erreur grossière en écrivant ces subdivisions à la droite de l'unité principale, sans observer autre chose que l'ordre de la nomenclature. Par exemple, pour représenter 23 mètres carrés 6 décimètres carrés 5 centimètres carrés, on ne doit point écrire $23^{mt.cr.},65$; car, puisque les décimètres carrés sont des centièmes du mètre carré, et que les centimètres carrés en sont des dix-millièmes, la quantité proposée n'est autre chose que $23^{mt.cr.}$ plus $\frac{6}{100}$ plus $\frac{5}{10000}$, et doit, par conséquent, s'écrire ainsi $23^{mt.cr.},0605$.

De même,

mt.cr.	d.mt.cr.	c.mt.cr.	m.mt.cr.		mt.cr.
25	13	8	34	, s'écrivent :	25,130834,
18	4	29	5	. . , ...	18,042905,
12	3	7	60	. . . .	12,03076.

Réciproquement, si l'on a une quantité telle que celle-ci $27^{mt.cr.},354689$, et que l'on partage les décimales en tranches de deux chiffres chacune, en allant de gauche à droite, la première tranche exprimera des décimètres carrés ; la seconde, des centimètres carrés ; la troisième, des millimètres carrés, etc. ; de sorte que la quantité proposée équivaut à 27 mètres carrés 35 décimètres carrés 46 centimètres carrés 89 millimètres carrés. Ce seroit donc une erreur grave de croire que le premier chiffre exprime des décimètres carrés ; le second, des centimètres carrés, etc.

Si la dernière tranche n'avoit qu'un chiffre, il faudroit lui ajouter un zéro vers la droite, ce qui ne peut altérer la valeur des décimales. Par exemple, 3mt.cr.,275 sont la même chose que 3 mètres carrés 27 décimètres carrés 50 centimètres carrés.

Mesures de solidité. Le mètre cube étant l'unité, les décimètres, centimètres, millimètres, etc. cubes, seront respectivement des millièmes, des millioniemes, des billioniemes, etc. ; car il faut mille décimètres cubes, ou un million de centimètres cubes, ou un billion de millimètres cubes, etc. pour composer le mètre cube. (*Voyez l'exposition du nouveau système.*)

On voit par-là que chaque subdivision cube doit occuper trois rangs parmi les décimales, et que l'on commettroit une erreur considérable si l'on écrivoit ces subdivisions à la droite de l'unité principale en n'observant que l'ordre de la nomenclature.

Par exemple, pour représenter 3 mètres cubes 4 décimètres cubes 5 centimètres cubes, on ne doit point écrire $3^{\text{mt.cb.}},45$; car la quantité proposée est la même chose que $3^{\text{mt.cb.}}\ \frac{4}{1000}$ plus $\frac{5}{1000000}$, et l'on doit, par conséquent, écrire $3^{\text{mt.cb.}},004005$.

De même,

mt.cb.	d.mt.cb.	c.mt.cb.	m.mt.cb.		mt.cb.
5	14	6	8,	s'écrivent	5,014006008,
6	325	17	60	....	6,32501706.

Réciproquement, lorsqu'une solidité est ainsi exprimée, si l'on partage les décimales en tranches de trois chiffres chacune, en allant de gauche à droite, la première tranche marquera des décimètres cubes; la seconde, des centimètres cubes, etc. Par exemple, $8^{\text{mt.cb.}},075243006$, signifient 8 mètres cubes 75 décimètres cubes 243 centimètres cubes 6 millimètres cubes.

Si la dernière tranche ne renfermoit que

deux chiffres, on ajouteroit un zéro à droite, et si elle n'en contenoit qu'un, on ajouteroit deux zéros. Ainsi, $3^{mt.cb.}$,25476 répondent à 3 mètres cubes 254 décimètres cubes 760 centimètres cubes; et $5^{mt.cb.}$,0839 sont la même chose que 5 mètres cubes 83 décimètres cubes 900 centimètres cubes.

On a dû remarquer, par ce qui précède, que les décimales sont assujetties au principe fondamental de l'arithmétique, qui consiste en ce que la valeur d'un chiffre devient dix fois plus grande, ou dix fois plus petite, toutes les fois qu'on recule ce chiffre d'un rang vers la gauche, ou qu'on l'avance d'un rang vers la droite; d'où il suit que le déplacement seul de la virgule suffit pour multiplier, ou pour diviser une quantité qui contient des parties décimales, par 10, par 100, par 1000, etc.

Par exemple, si dans le nombre 367,4985, on avance la virgule d'un rang vers la droite, et qu'on écrive 3674,985, on aura multiplié le nombre proposé par 10; car, le chiffre 5, qui étoit au quatrième rang dans le premier nombre, et qui exprimoit des dix-millièmes, se trouve au troisième rang dans le nouveau, et il exprime des millièmes : il a donc une valeur dix fois plus grande ; le chiffre 8, placé au troisième rang dans le nombre proposé, se trouve au second rang dans le nouveau, et il exprime des centièmes, tandis qu'il représentoit d'abord des millièmes : il a donc pareillement une valeur dix fois plus grande. On reconnoîtra sans peine qu'il en est de même de tous les autres chiffres : d'où il suit que le nouveau nombre 3674,985, qui résulte du déplacement de la virgule, est dix fois plus grand que le nombre proposé.

On conçoit de même que 36749,85 est cent fois plus grand que le nombre proposé ; que 367498,5 est mille fois plus grand, et ainsi de suite.

Au contraire, 36,74985 est dix fois plus petit que le nombre donné ; 3,674985 est cent fois plus petit, etc.

La conversion des grandes unités de mesures, en unités plus petites, qui se fait par la multiplication, s'opérera donc, dans les nouvelles mesures, en faisant mouvoir la virgule d'un ou de plusieurs rangs vers la droite.

Soit la quantité 57 kilomètres 4 hectomètres 3 décamètres 6 mètres 9 décimètres, ou 57$^{k.mt.}$,4369, que l'on propose de convertir successivement en hectomètres, décamètres, mètres, décimètres. Par le seul déplacement de la virgule, on obtiendra successivement les quantités équivalentes 574$^{h.mt.}$,369; 5743$^{dc.mt.}$,69; 57436$^{mt.}$,9; 574369$^{d.mt.}$

Soit encore la quantité 15 mètres carrés 6 décimètres carrés 23 centimètres carrés, ou 15$^{mt.cr.}$,0623; puisque le mètre carré contient 100 décimètres carrés, on fera mouvoir la virgule de deux rangs à droite, et l'on aura la quantité équivalente 1506$^{d.mt.cr.}$,23; et puisque le décimètre carré contient 100 centimètres carrés, on aura encore pour la même valeur 150623$^{c.mt.cr.}$

Si l'on veut exprimer cette quantité en millimètres carrés, on ajoutera deux zéros, et l'on aura 15062300$^{m.mt.cr.}$

Dans les mesures de solidité, on fera mouvoir la virgule de trois en trois rangs; par exemple, 45 mètres cubes 36 décimètres cubes 8 centimètres cubes, ou 45$^{mt.cb.}$,036008, valent 45036$^{d.mt.cb.}$,008, ou 45036008$^{c.mt.cb.}$, ou 45036008000$^{m.mt.cb.}$, etc.

La conversion de toute autre espèce de mesure en ses subdivisions décimales, s'opérera avec la même facilité.

Réciproquement, lorsqu'une quantité est exprimée en petites unités, pour en trouver l'expression en unités supérieures, il faut faire rétrograder la virgule d'un ou de plusieurs rangs vers la gauche.

Puisque les quantités décimales sont soumises au principe fondamental de la numération, il s'ensuit que les règles prescrites par l'arithmétique pour l'addition, la soustraction, la multiplication et la division des nombres entiers, peuvent s'appliquer aux quantités décimales et aux nouvelles mesures. Toute l'attention que l'on doit apporter dans ces opérations, consiste à placer à propos la virgule décimale.

ADDITION.

Pour ajouter ensemble plusieurs nombres qui contiennent des fractions décimales, *on les écrira les uns sous les autres, de manière que toutes les virgules se trouvent dans une même colonne verticale ; on fera ensuite l'addition comme si tous les chiffres des nombres proposés représentoient des unités entières, et, dans le total, on placera la virgule, au même rang où elle se trouve déjà dans les nombres supérieurs ;*

c'est-à-dire, qu'on séparera, sur la droite du résultat, autant de chiffres décimaux qu'il y en a dans celui des nombres proposés qui en contient le plus.

EXEMPLES.

Addition de mesures de longueur.

mt.	d.mt.	c.mt.	m.mt.		mt.		mt.
4	7	3	5	ou	4,735	ou, en remplissant les vides par des zéros.	4,735
2	3	6	«		2,36		2,360
5	4	«	«		5,4		5,400
1	2	5	«		1,25		1,250
mt.	d.mt.	c.mt	m.mt.		mt.		mt.
Total. 13	7	4	5		13,745		13,745

Addition de mesures de superficie.

mt.cr.	d.mt.cr.	c.mt.cr.	m.mt.cr.		mt.cr.
6	5	28	3	ou	6,052803
7	8	9	15		7,080915
2	74	6	8		2,740608
mt.cr.	d.mt.cr.	c.mt.cr.	m.mt.cr.		mt.cr.
Total. 15	87	43	26		15,874326

	h.ar.	ar.	c.ar.		ar.
	8	5	6	ou	805,06
	7	24	51		724,51
	3	25	8		325,08
	h.ar.	ar.	c.ar.		ar.
Total. . .	18	54	65		1854,65

Addition de mesures de solidité.

	mt.cb.	d.mt.cb.	c.mt.cb.		mt.cb.
	45	3	8	ou	45,003008
	7	326	20		7,326020
	8	25	35		8,025035
	mt.cb.	d.mt.cb.	c.mt.cb.		mt.cb.
Total. . .	60	354	63		60,354063

Addition de mesures de capacité.

	h.l.	dc.l.	l.	d.l.	c.l.		l.
	15	6	8	4	3	ou	1568,43
	24	5	7	9	5		2457,95
	6	2	1	5	4		621,54
	h.l.	dc.l.	l.	d.l.	c.l.		l.
Total. . .	46	4	7	9	2		4647,92

Addition de poids.

	h.gm.	dc.gm.	gm.	d.gm.	c.gm.		gm.
	9	5	4	3	6	ou	954,36
	16	8	7	9	4		1687,94
	5	4	3	8	5		543,85
	h.gm.	dc.gm.	gm.	d.gm.	c.gm.		gm.
Total. . .	31	8	6	1	5		3186,15

Addition de francs, décimes, etc.

	f.	dme.	cme.	mme.		f.
	25	8	6	4	ou	25,864
	36	2	0	5		36,205
	90	4	5	0		90,450
	15	0	8	6		15,086
	f.	dme.	cme.	mme.		f.
Total. .	167	6	0	5		167,605

SOUSTRACTION.

Pour faire la soustraction sur des quantités décimales, *on les disposera de la même manière que pour l'addition, et on remplira les places vacantes par des zéros. On opérera ensuite comme sur les nombres entiers, et, dans le reste, on placera la virgule au même rang où elle se trouve déjà dans les nombres supérieurs.*

EXEMPLES.

On propose de soustraire 5^dc.gm. 8^gm. 6^d.gm. 7^c.gm. 2^m.gm. de 14^h.gm. 6^dc.gm.; ou 58^gm.,672 de 1460^gm.?

	h.gm.	dc.gm.	gm.	d.gm.	c.gm.	m.gm.		gm.
	14	6	0	0	0	0	ou	1460,000
	0	5	8	6	7	2		58,672
	h.gm.	dc.gm.	gm.	d.gm.	c.gm.	m.gm.		gm.
RESTE.	14	0	1	3	2	8		1401,328

On propose encore de retrancher 7^mt.cb. 109^d.mt.cb. 76^c.mt.cb. de 28^mt.cb. 35^d.mt.cb. 400^c.mt.cb.; ou 7^mt.cb.,109076 de 28^mt.cb.,0354?

	mt.cb.	d.mt.cb.	c.mt.cb.		mt.cb.
	28	035	400	ou	28,035400
	7	109	076		7,109076
	mt.cb.	d.mt.cb.	c.mt.cb.		mt.cb.
RESTE.	20	926	324		20,926324

MULTIPLICATION.

Dans la multiplication des quantités qui renferment des parties décimales, *on n'a point égard à la virgule, et on opère de la même manière que sur les nombres entiers; on sépare ensuite sur la droite du produit autant de chiffres décimaux qu'il y en a dans les deux facteurs ensemble.*

Exemple. A raison de 18 francs 75 centimes le mètre, combien montent 43 mètres 5 décimètres?

On multipliera 18f,75 par 43,5, comme on le voit ici,

```
       f.
     18,75
      43,5
    ------
      9375
     5625
    7500
    ------
        f.
et dans le produit . . . . . . . . . . . . . 815,625,
```

on séparera, au moyen de la virgule, les trois derniers chiffres à droite, parce que le multiplicande contient deux chiffres décimaux, et que le multiplicateur en contient un, ce qui fait trois en tout; de sorte que le prix demandé est 815f,625.

Pour sentir la raison de cette opération, il faut considérer qu'en supprimant la virgule dans les deux facteurs, on multiplie le premier par 100, puisqu'il renferme deux décimales; et le second seulement par 10, puisqu'il n'en contient qu'une; le produit doit donc être 1000 fois trop grand; il faut, par conséquent, le diviser par 1000, pour le ramener à sa juste valeur; c'est-à-dire, séparer à droite trois chiffres décimaux, au moyen de la virgule.

Ajoutons les exemples suivants :

1. A raison de 1845f. l'hectare, quel doit être le montant de 25 hectares 36 ares, ou 25h.ar.,36 ?

2. A 15f,75 le décalitre d'huile, combien montent 8 décalitres 3 litres 6 décilitres 5 centilitres, ou 8dc.l.,365 ?

1.er Ex.	f.	2.e Ex.	f.
	1845		15,75
	25,36		8,365
	11070		7875
	5535		9450
	9225		4725
	3690		12600
	f.		f.
Prod.	46789,20	Prod.	131,74875

Les dernières décimales d'un nombre ont

souvent bien peu de valeur ; c'est pourquoi, on peut en négliger une ou plusieurs, selon la valeur de l'unité principale, ou le degré d'exactitude que l'on veut atteindre ; mais, dans ce cas, il faut avoir l'attention d'ajouter 1 au dernier chiffre conservé, toutes les fois que le chiffre suivant à droite est égal à 5, ou qu'il excède 5 ; l'on aura, par ce moyen, une valeur approximative qui ne différera pas de la véritable d'une demi-unité de l'ordre du dernier chiffre que l'on conserve.

Dans les décimales du franc, on se borne aux deux premières ; c'est-à-dire, aux décimes et aux centimes, et l'on néglige toutes les autres. Ainsi, dans la dernière multiplication ci-dessus, au lieu de la valeur exacte $131^f,74875$, on prendra la valeur approximative $131^f,75$, en augmentant la seconde décimale d'une unité, parce que la troisième surpasse 5. On fera donc une erreur en plus de $0^f,00125$ ou 125 cent millimes, tandis qu'en abandonnant les trois dernières décimales, sans avoir la précaution d'augmenter le chiffre 4 d'une unité, on eût commis une erreur en moins de $0^f,00875$ ou 875 cent-millimes : erreur, conséquemment, plus sensible que la première.

Il

Il arrive quelquefois que le nombre des chiffres d'un produit est inférieur au nombre des décimales contenues dans les deux facteurs de la multiplication ; il faut, alors, ajouter à la gauche de ce produit, un nombre de zéros suffisant pour y avoir autant de décimales que le multiplicande et le multiplicateur en contiennent ensemble. Par exemple, si l'on propose de multiplier 0,0415 par 0,023, le produit 9545 ne contiendra que quatre chiffres, tandis qu'il y a sept décimales tant au multiplicande qu'au multiplicateur ; c'est pourquoi, l'on ajoutera trois zéros à la gauche du produit 9545, et on en mettra encore un quatrième pour marquer la place des unités, ce qui donnera pour le produit demandé 0,0009545.

DIVISION.

La division des quantités décimales présente plusieurs cas pour la solution desquels on emploiera les règles que nous allons donner.

1.° Si le dividende contient des décimales, et que le diviseur n'en contienne point, *on opérera la division, comme à l'ordinaire, jusqu'à ce que l'on ait épuisé les entiers contenus dans le dividende; parvenu à ce point, on placera la virgule dans le quotient à la droite du dernier chiffre que l'on aura obtenu. On continuera ensuite la division, en abaissant successivement toutes les décimales du dividende, à côté des restes successifs, de la même manière qu'on le pratique pour les nombres entiers, et l'on obtiendra successivement au quotient des dixièmes, des centièmes, des millièmes, etc.*

Lorsque l'on aura ainsi épuisé les décimales du dividende, si la dernière division partielle a laissé un reste, et que l'on veuille parvenir à un plus haut degré d'exactitude, *on ajoutera un zéro à côté de ce reste, et la division donnera un nouveau chiffre au quotient; si elle laisse un nouveau reste, on ajoutera un autre zéro, et l'on obtiendra un autre chiffre au quotient. On continuera de la même manière, jusqu'à ce que la division ne donne aucun reste, ou du moins, jusqu'à ce que l'on soit arrivé à tel degré d'approximation que l'on jugera à propos d'obtenir*; car, il arrive souvent que la division reproduit un reste déjà obtenu, et, si on vouloit, alors, la continuer, on trouveroit continuellement au quotient un ou plusieurs des chiffres obtenus précédemment, en sorte que la division ne se termineroit jamais.

Dans le cas dont nous parlons, et dont on verra des exemples ci-après, les décimales du quotient forment *une fraction périodique*. La *période* se compose des chiffres semblables qui se reproduisent à l'infini. On conçoit bien que, dans un pareil cas, le quotient ne peut s'exprimer exactement en décimales, et qu'on est forcé de se contenter d'une valeur approximative; mais cette valeur différera d'autant moins de la véritable, que l'on prendra un plus grand nombre de décimales dans la fraction périodique.

2.° Si les deux termes de la division contiennent des décimales, mais que le dividende en renferme un plus grand nombre que le diviseur, *on supprimera la virgule dans celui-ci, et on l'avancera vers la droite, dans le dividende, d'autant de rangs qu'il y avoit de décimales dans le diviseur. On opérera ensuite de la même manière que dans le premier cas.* Il est évident que, par la suppression et le déplacement de la virgule, dont nous venons de parler, on rend les deux termes de la division le même nombre de fois plus grands, et qu'ainsi l'on ne trouble pas la valeur du quotient.

3.° Si les deux termes de la division contenant des décimales, il s'en trouve un plus grand nombre dans le diviseur que dans le dividende, *on ajoutera à la droite des décimales de celui-ci autant de zéros qu'il sera nécessaire pour qu'il y ait le même nombre de décimales de part et d'autre ; on supprimera ensuite la virgule dans les deux termes, et l'on opérera comme sur les nombres entiers.* Il est évident que le quotient ne sera point altéré par l'opération préparatoire dont nous venons de parler, puisqu'elle ne tend qu'à multiplier les deux termes de la division par le même nombre.

4.° Si le diviseur tout seul renferme des décimales, et que le dividende soit un nombre entier, *on ajoutera à la droite de celui-ci autant de zéros qu'il y a de décimales dans le diviseur, et, supprimant ensuite la virgule, on opérera comme sur les nombres entiers.* Le quotient ne sera pas plus altéré par l'addition des zéros et la suppression de la virgule, que dans les cas précédents.

5.° Enfin, si le dividende et le diviseur renferment un pareil nombre de décimales, *on supprimera la virgule de part et d'autre, et on opérera comme à l'ordinaire.*

EXEMPLES.

1. 250 mètres de drap ayant coûté 16331$^{f.}$,25, on demande à combien revient le mètre ?

Il est évident que pour répondre à cette question, on doit diviser 16331$^{f.}$,25 par 250.

En appliquant la règle donnée pour le premier cas, on fera l'opération comme on le voit ici :

Dividende. f. 16331,25	Diviseur. 250
1331	Quotient. 65$^{f.}$,325.
812	
625	
1250	
000	

Le prix du mètre est donc 65$^{f.}$,325.

2. L'hectolitre de blé ayant été fixé à un prix que l'on ne fait pas connoître, on a calculé la valeur de 16 hectolitres 3 décalitres 2 litres 5 décilitres, ou 16$^{h.l.}$,325, et on l'a trouvée de 387$^{f.}$,71875 ; on demande quel est le prix de l'hectolitre ?

Il est clair qu'on doit diviser 387$^{f.}$,71875 par 16,325. D'après la règle donnée pour le second cas, le diviseur contenant trois décimales, on avancera la virgule de trois rangs, à droite, dans le dividende, et la supprimant dans le diviseur, on aura 387718f.,75, à diviser par 16325; ce qui, étant exécuté de la même manière que ci-dessus, donnera pour quotient, ou pour le prix demandé 23f.,75.

3. A combien revient le décalitre d'huile, lorsque 6 décalitres 7 litres 1 décilitre 2 centilitres, ou 6dc.l.,712, coûtent 167f.,8?

Le diviseur 6,712, contenant trois décimales, tandis que le dividende 167f.,8, n'en renferme qu'une, on ajoutera deux zéros à la droite de celui-ci, conformément à la règle établie pour le 3.e cas, et supprimant ensuite la virgule de part et d'autre, on aura 167800 f. à diviser par 6712, ce qui donnera pour quotient, ou pour le prix du décalitre 25 f.

4. 36 kilogrammes de soie 2 hectogrammes 5 décagrammes, ou 36k.gm.,25, ayant coûté 1827f., on demande à combien revient le kilogramme?

En vertu de la règle concernant le quatrième cas, on doit ajouter deux zéros à la droite du dividende 1827f., parce que le diviseur 36,25 contient deux décimales; supprimant ensuite la virgule dans ce diviseur, on aura 182700f., à diviser par 3625.

L'opération donnera pour quotient, ou pour le prix du kilogramme de soie $50^{f},4$.

5. 18 hectolitres de vin 3 décalitres 5 litres, ou $18^{hl},35$, ont été payés $458^{f},75$; on demande à combien revient l'hectolitre? On supprimera la virgule de part et d'autre, et divisant 45875^{f} par 1835, on trouvera 25^{f} pour le prix demandé.

Nous donnerons encore l'exemple suivant dans lequel le quotient renferme une fraction périodique.

110 mètres de drap ont été payés 3591^{f}; à combien revient le mètre?

Dividende. 3591^{f}	Diviseur. 110
291	
710	Quotient. $32^{f},64545$.......
500	
600	
50	

Après avoir donné les trois premiers chiffres du quotient, la division laisse pour reste 50, à côté duquel mettant un zéro, il vient 4 au quotient et 60 de reste; ajoutant un nouveau zéro à côté de 60, la division donne 5, au quotient, et reproduit le reste 50, obtenu plus haut; d'où il résulte que les deux chiffres 4 et 5 du quotient se reproduiront à l'infini, et formeront une fraction périodique. On pourra prendre pour quotient définitif, ou pour le prix du mètre 32f.,65.

La division s'emploie pour réduire les fractions ordinaires en décimales. Pour cela, *on met un zéro à la droite du numérateur de la fraction proposée, et le divisant ensuite par le dénominateur, on obtient des dixièmes au quotient. Si la division laisse un reste, on met un zéro à côté de ce reste, et continuant la division, on obtient des centièmes. On continue de la même manière jusqu'à ce que la division se fait exactement*, à moins qu'elle ne se prolonge trop loin, ou qu'elle ne laisse un reste obtenu précédemment. Ce dernier cas arrive, lorsque la fraction est périodique. *Avant de commencer la division, il faut mettre un zéro au quotient pour tenir la place des entiers, et le séparer des décimales par une virgule* (1).

(1) On exprime souvent sous la forme d'une fraction, une quantité plus grande que l'unité; alors le numérateur est nécessairement plus grand que le dénominateur. Pour réduire une semblable quantité en décimales, on divise immédiatement le numérateur par le dénominateur, sans addition d'aucun zéro, soit au dividende, soit au quotient, et l'on obtient dans celui-ci les entiers contenus dans la quantité proposée. On continue ensuite la division, en ajoutant un zéro à côté de chaque reste, pour avoir les décimales qui doivent accompagner les entiers déjà obtenus.

En appliquant ce procédé aux fractions $\frac{3}{4}$ et $\frac{7}{8}$, on trouvera, comme on le voit ci-dessous, que la première est égale à 0,75, et la seconde à 0,875.

1.re OPÉRATION. 2.e OPÉRATION.

```
 30 | 4            70 | 8
 20 |------        60 |------
  0 | 0,75         40 | 0,875
                    0
```

On propose encore de réduire en décimales la fraction $\frac{4}{7}$?

OPÉRATION.

```
 40 | 7
 50 |----------
 10 | 0,571428.......
 30
 20
 60
  4
```

Après avoir obtenu six chiffres au quotient, le dernier chiffre 8, laisse pour reste 4 que l'on a eu au dividende dès le commencement de l'opération, ce qui fait voir que la fraction $\frac{4}{7}$ est périodique, et que les six chiffres du quotient se répéteront à l'infini.

On trouvera de même que $\frac{5}{6}$ équivaut à 0,8333... fraction périodique dans laquelle le chiffre 3 se reproduit sans cesse.

Pour peu que l'on se soit exercé au

calcul décimal, dont nous venons de développer les principes, on pourra faire usage des tables de comparaison contenues dans cet ouvrage, et répondre aux deux questions suivantes :

1. *Une quantité étant exprimée en anciennes mesures, la convertir en nouvelles ; ou, réciproquement, une quantité étant exprimée en mesures nouvelles, la convertir en anciennes ?*

2. *Connoissant le prix d'une mesure ancienne, déterminer le prix de la mesure nouvelle correspondante ; ou, réciproquement, ce dernier prix étant connu, déterminer le premier ?*

EXEMPLES RELATIFS A LA PREMIÈRE QUESTION.

Cette question peut se résoudre par la multiplication, ou par la division.

1.° *Par la multiplication.*

1. *On propose de convertir en hectares 36 salmées, mesure de Nismes ?*

D'après la liste alphabétique, la table des mesures agraires de Nismes, est celle n.° 24. Ayant cherché cette table dans la seconde section, on y voit que la salmée est égale à $0^{h.ar.}\ 66^{ar.}\ 99^{c.ar.},285$. On multipliera donc cette valeur par 36 ; mais pour mettre plus de netteté dans le calcul, on l'écrira ainsi : 6699$^{c.ar.}$,285 ; faisant ensuite l'opération conformément aux règles qui ont été prescrites pour les décimales, et comme on le voit ici :

$$\begin{array}{r} \scriptstyle c.ar. \\ 6699{,}285 \\ 36 \\ \hline 40195710 \\ 20097855 \\ \hline \end{array}$$

on trouvera que la quantité proposée répond à 241174,260$^{c.ar.}$, c'est-à-dire, 24$^{h.ar.}$ 11$^{ar.}$ 74$^{c.ar.}$,260, ou simplement 24$^{h.ar.}$ 11$^{ar.}$ 74$^{c.ar.}$, en abandonnant les décimales du centiare ou mètre carré.

Lorsque la quantité proposée renferme des parties de l'unité principale, on les réduit séparément d'après la valeur de chaque subdivision, donnée dans la table, et réunissant ensuite toutes ces réductions partielles, on forme la réduction totale.

2. *Quelle est la valeur en hectares de* 30 *salmées* 9 *émines* 15 *dextres*, mesures de Nismes ?

D'après la table n.° 24, indiquée par la liste alphabétique,

	h.ar.	ar.	c.ar.
La salmée vaut	0	66	99,285 ;
L'émine	0	05	58,274 ;
Le dextre	0	00	17,865 ;

on multipliera donc la première des valeurs ci-dessus par 30, la seconde, par 9, et la troisième, par 15.

	c.ar.
La première multiplication donne	200978,550
La seconde	5024,466
La troisième	267,975
TOTAL, ou valeur de 30 sal. 9 ém. 15 dxt.	206270,991,

c'est-à-dire 20$^{\text{h.ar.}}$ 62$^{\text{ar.}}$ 71$^{\text{c.ar.}}$, en supprimant tout ce qui est à droite de la virgule, après avoir augmenté les centiares d'une unité, parce que la première décimale supprimée est au-dessus de 5.

La division des anciennes mesures se faisant quelquefois par des nombres qui ont beaucoup de diviseurs, invite à employer la voie des *parties aliquotes*, pour opérer ces sortes de réductions. Il est vrai que cette méthode n'est pas toujours plus expéditive ; mais elle a l'avantage de ne considérer qu'une seule valeur, celle de l'unité principale.

3. *Combien valent en hectares* 18 *salmées* 6 *émines*, mesure de Nismes?

Au lieu de multiplier d'un côté la valeur de la salmée par 18, et de l'autre, celle de l'émine par 6; et de réunir ensuite les deux résultats, pour former la valeur totale, on pourra opérer de la manière suivante :

	c.ar.
	6699,285
	18 salm. 6 émin.
	53594,280
	66992,85
Pour 6 émines. . .	3349,643
	c.ar.
PRODUIT.	123936,773

On multipliera d'abord la valeur de la salmée par 18, en observant que, comme il y a trois décimales dans cette valeur, on doit séparer, par la virgule, les trois derniers chiffres, à droite, dans le courant de l'opération.

On remarquera ensuite que 6 émines équivalent à une demi-salmée, puisqu'on voit par la table que nous employons ici, que la salmée se divise en 12 émines; c'est pourquoi, l'on obtiendra la valeur de ces 6 émines, en prenant la moitié du multiplicande qui n'est autre chose que la valeur d'une salmée. On fera ensuite l'addition, et l'on aura, pour la valeur totale de 18 salmées 6 émines, 123936$^{c.ar.}$,773, c'est-à-dire 12$^{h.ar.}$

39$^{ar.}$ 36$^{c.ar.}$,773, ou mieux 12$^{h.ar.}$ 39$^{ar.}$ 37$^{c.ar.}$ (1).

Les deux méthodes que nous venons de donner pour réduire une quantité de mesures anciennes en mesures nouvelles, ne s'accorderont pas toujours *exactement*, à cause des décimales négligées dans la valeur de l'unité principale et dans celle de chaque subdivision; mais la différence pourra être considérée comme nulle, parce qu'elle ne portera que sur les centièmes, ou même le plus souvent sur les millièmes du centiare ou mètre carré. La première décimale, celle qui suit immédiatement à droite les centiares, sera toujours exacte dans les deux opérations, et fera reconnoître si l'on doit ajouter une unité aux centiares, ou si l'on

(1) On peut remarquer que la moitié de 6699$^{c.ar.}$,285 seroit rigoureusement 3349$^{c.ar.}$,6425 ; mais comme il est inutile d'apporter une exactitude rigoureuse dans les dernières décimales, dès que nous nous sommes aperçus que la quatrième devoit être un 5, nous avons ajouté 1 à la décimale précédente, conformément à ce qui a été prescrit plus haut, et nous avons eu 3349$^{c.ar.}$,643, pour la valeur de 6 émines. On pourra se conduire de même toutes les fois qu'on fera usage des parties aliquotes.

doit supprimer tout ce qui est à droite de la virgule sans faire préalablement cette addition.

4. *Quelle est la valeur en hectares de 6 salmées 2 séterées 2 quartes 5 dextres*, mesure de St-Christol, (canton d'Alais)?

D'après la table n.° 19, à laquelle la liste alphabétique renvoie,

	h.ar.	ar.	c.ar.
la salmée vaut. . . .	0	63	19,523,
la séterée	0	15	79,881,
la quarte.	0	03	94,970,
le dextre.	0	00	15,799.

Conformément à la première méthode, on multipliera donc la première des valeurs ci-dessus par 6; la seconde et la troisième, par 2, et la quatrième, par 5, et l'on trouvera que

	c.ar.
6 salmées équivalent à.	37917,138,
2 séterées à.	3159,762,
2 quartes à	789,940,
5 dextres à	78,995,
ce qui fait en tout	41945,835,

ou $4^{h.ar.}$ $19^{ar.}$ $46^{c.ar.}$

Pour faire la même réduction par la méthode des parties aliquotes, on opérera comme on le voit ici :

	c.ar.
	6319,523
	6 salm. 2 sét. 2 quart. 5 dxt.
	37917,138
Pour 2 sét. . . .	3159,762
Pour 2 quart . .	789,940
Pour 5 dxt . . .	78,994
	c.ar.
Produit	41945,834

On multipliera d'abord la valeur de la salmée par 6, et l'on séparera les trois derniers chiffres, à droite, parce qu'il y a trois décimales au multiplicande. On observera ensuite que, d'après la table n.° 19, la salmée contient 4 séterées; la séterée 4 quartes; et la quarte 25 dextres; d'où il suit : 1.° que 2 séterées équivalent à une demi-salmée, et que, par conséquent, pour avoir la valeur de 2 séterées, on doit prendre la moitié du multiplicande, qui n'est autre chose que la valeur d'une salmée; 2.° que 2 séterées équivalent aussi à 8 quartes, et qu'ainsi, pour avoir la valeur de 2 quartes, quantité quatre fois moindre, on doit prendre le quart de ce qu'ont donné 2 séterées;

3.°

3.° enfin, qué 2 quartes sont la même chose que 50 dextres, et que, par conséquent, pour trouver la valeur de 5 dextres, quantité dix fois plus petite, on doit prendre le dixième de ce qu'ont donné 2 quartes. Après avoir ainsi déterminé successivement ces valeurs partielles, on fera l'addition et l'on trouvera pour la valeur totale 41945$^{c.ar.}$,834, ou 4$^{h.ar.}$ 19$^{ar.}$ 46$^{c.ar.}$; résultat conforme à celui que nous avons obtenu par la première opération.

5. *On propose de réduire en hectares 9 salmées 7 émines 8 vestisons, mesure d'Uzés?*

On voit par la table n.° 16, indiquée par la liste alphabétique, que la division de la salmée se fait suivant l'ordre décimal; d'où il suit qu'on peut écrire les subdivisions de cette unité, de la même manière que les décimales, et les soumettre aux mêmes calculs. La quantité proposée 9 salmées 7 émines 8 vestisons est la même chose que 9$^{salm.}$,78, et pour la réduire en hectares, il suffit de multiplier 6319$^{c.ar.}$,523, valeur de la salmée, par 9,78.

OPÉRATION.

```
            c.ar.
         6319,523
             9,78
      -----------
         50556184
        44236661
       56875707
      -----------
            c.ar.
PRODUIT ..... 61804,93494
```

On sépare cinq chiffres à droite du produit parce que le multiplicande et le multiplicateur contiennent ensemble cinq décimales; de sorte que la valeur de 9 salmées 7 émines 8 vestisons, répond à $6^{\text{h.ar.}}$ $18^{\text{ar.}}$ $05^{\text{c.ar.}}$

6. *On propose de réduire 25 hectares en salmées*, mesure de Ste-Anastasie?

La liste alphabétique fait connoître que la table des mesures agraires de Ste-Anastasie, est celle n.° 17, et l'on trouve dans cette table que l'hectare vaut $1^{\text{salm.}}$ $5^{\text{émin.}}$ $6^{\text{boiss.}}$ $2^{\text{dxt.}},959$; en sorte que pour opérer la réduction proposée, il faut multiplier séparément chacune des quantités qui entrent dans la valeur ci-dessus, par 25. Pour procéder avec ordre, on commencera cette multiplication par l'espèce d'unités la plus basse ; c'est-à-dire, par les dextres, et l'on multipliera ensuite successivement les unités supérieures. A mesure que l'on formera chaque produit, on aura l'attention d'en extraire les unités de l'espèce immédiatement au-dessus, pour les ajouter au produit suivant, et à cet effet, on remarquera que la salmée se divise en 10 émines ; que l'émine se subdivise en 8 boisseaux ; et le boisseau en 5 dextres. Cette connoissance suffit pour pouvoir exécuter l'opération de la manière que nous venons de prescrire, et comme on le voit ici :

salmée.	émines.	boisseaux.	dextres.
1	5	6	2,959
25	25	25	25
P.t 25salm.	P.t 125ém.	P.t 150boiss.	14795
Aj. 14	Aj. 20	Aj. 14	5918
T.l 39salm.	T.l 145ém.	T.l 164boiss.	P.t 73d.,975
	ou 14sal.5ém.	ou 20ém.4b.	ou 14b.3d.,975.

Le produit de 2dxt.,959 par 25, dans lequel on a séparé les trois derniers chiffres à droite, parce qu'il y a trois décimales au multiplicande, donne 73dxt.,975 ; mais puisque 5 dextres forment un boisseau, on divisera 73dxt. par 5, ou on prendra le cinquième, ce qui donnera $14^{\text{boiss.}}$ et $3^{\text{dxt.}}$ de reste, en sorte que le produit $73^{\text{dxt.}},975$ est la même chose que $14^{\text{boiss.}}$ $3^{\text{dxt.}},975$.

Le second produit donne $150^{\text{boiss.}}$; ajoutant à cela les $14^{\text{boiss.}}$ provenant du produit précédent, on a $164^{\text{boiss.}}$; mais puisqu'il faut 8 boisseaux pour composer une émine, il est clair que l'on obtiendra les émines contenues dans ce produit, en le divisant par 8; prenant donc le huitième de $164^{\text{boiss.}}$, on trouve $20^{\text{ém.}}$ $4^{\text{boiss.}}$.

Le troisième produit donne $125^{\text{ém.}}$, auxquelles il faut ajouter les $20^{\text{ém.}}$ extraites du produit précédent, ce qui donne $145^{\text{émin.}}$, ou $14^{\text{salm.}}$ $5^{\text{ém.}}$, en prenant le dixième, parce que la salmée se compose de 10 émines.

Enfin, le quatrième et dernier produit qui est $25^{\text{salm.}}$, étant augmenté des $14^{\text{salm.}}$ provenant du troisième produit donne $39^{\text{salm.}}$. Ajoutant à cela les différents restes que nous avons laissés dans les produits précédents, on aura pour la valeur totale de 25 hectares, $39^{\text{salm.}}$ $5^{\text{ém.}}$ $4^{\text{boiss.}}$ $3^{\text{dxt.}},975$, ou $39^{\text{salm.}}$ $5^{\text{émin.}}$ $4^{\text{boiss.}}$ $4^{\text{dxt.}}$, à moins d'un dixième de dextre près.

La méthode suivante peut remplacer avec

avantage celle que nous venons de donner, surtout lorsque la quantité à réduire contient des hectares, des ares, des centiares, etc.

Appliquons-la d'abord à la réduction qui fait l'objet de l'exemple précédent.

On réduira préalablement la valeur de l'hectare ou $1^{salm.}$ $5^{ém.}$ $6^{boiss.}$ $2^{dxt.},959$, à sa plus petite dénomination, c'est-à-dire, en dextres; ce que l'on exécutera de la manière suivante, en se conformant à la division de la salmée.

On observera qu'une salmée vaut $10^{émin.}$; ajoutant à cela les $5^{ém.}$ qui suivent dans la valeur de l'hectare, on aura $15^{ém.}$; mais, puisque l'émine vaut elle-même $8^{boiss.}$, les $15^{ém.}$ précédentes étant multipliées par 8, donneront $120^{boiss.}$; ajoutant à ce produit les $6^{boiss.}$ contenus dans la valeur de l'hectare, on aura $126^{boiss.}$; or, chaque boisseau vaut $5^{dxt.}$; multipliant donc 126 par 5, et ajoutant au produit les $2^{dxt.},959$, contenus dans la valeur proposée, on trouvera enfin que cette valeur répond à $632,^{dxt.},959$.

On pourra disposer ce calcul préparatoire, comme on le voit ici :

1salm. 5ém. 6boiss. 2dxt.,959

Multipliez par . . . 10

Produit. . . 10ém.
Ajoutez 5

Total. . . . 15ém.
Multipliez par. . . 8

Produit. . . 120boiss.
Ajoutez. 6

Total. . . . 126boiss.
Multipliez par . . . 5

Produit . . . 630dxt.
Ajoutez. 2,959

Total, ou valeur de l'hectare. 632dxt.,959

Multipliant donc 632dxt.,959, par 25, on aura la valeur de 25 hectares, exprimée en dextres. On divisera ensuite successivement cette valeur par les nombres 5, 8 et 10, qui indiquent les subdivisions de la salmée, et l'on obtiendra successivement des boisseaux, des émines et des salmées.

OPÉRATION.

	dxt.
Valeur de l'hectare. . .	632,959
Multipliez par . . .	25
	3164795
	1265918
	dxt.
Val. en dxt. de 25 hectares	15823,975,
ou, en prenant le 5.e	3164boiss. 3dxt.,975,
ou, en prenant le 8.e de 3164. . .	395ém. 4b. 3dxt.,975,
ou enfin, en prenant le 10.e de 395.	39s. 5é. 4b. 3d.,975;

résultat conforme à celui que nous avons obtenu par la méthode précédente.

7. *On propose encore de réduire en anciennes mesures de Ste-Anastasie*, 8 *hectares* 5 *ares* 36 *centiares*, *ou* 8h.ar.,0536?

OPÉRATION.

	dxt.
Valeur de l'hectare.	632,959
Multipliez par. . . .	8,0536
	3797754
	1898877
	3164795
	5063672
h.ar. h.ar. ar. c.ar.	dxt.
Val. en dxt. de 8,0536 ou de 8 5 36.	5097,5986024,
ou simplement.	5097dxt.,6,
ou, en prenant le 5.e	1019b.,2d.,6,
ou, en prenant le 8.e de 1019.	127é. 5b. 2d.,6,
ou enfin, en prenant le 10e de 127.	12s. 7é. 3b. 2d.,6.

On peut remarquer ici que les divisions successives que nous venons de faire par 5, par 8 et par 10, s'exécutent facilement dans une seule ligne : si l'on avoit à diviser par des nombres plus considérables, ou même fractionnaires, on feroit la division dans la forme ordinaire, comme on le verra dans les exemples suivants.

8. *Combien valent* 3 *hectares* 45 *ares* 18 *centiares, ou* 3h.ar.,4518, *en anciennes mesures de St-Christol* (canton d'Alais)?

L'hectare vaut en mesures de cette commune

1 salm. 2 séter. 1 quarte 7 dxt.,959.

Cette valeur étant réduite à sa plus petite dénomination par le procédé que nous avons expliqué plus haut, donne 632 dxt.,959.

On multipliera donc 632 dxt.,959 par 3,4518, et l'on aura 2184 dxt.,8, en négligeant les dernières décimales; or, puisque 25 dextres valent une quarte, on divisera 2184 par 25,

2184	25
184	87 quartes.
9	

et le quotient donnera 87 quartes avec un

reste de 9 dextres, à côté duquel portant les 8 dixièmes contenus dans le résultat ci-dessus, on aura, pour seconde expression de la valeur cherchée,

$87^{\text{quar.}}\ 9^{\text{dxt.}},8$,

ou, en prenant le quart de 87... $21^{\text{sét.}}\ 3^{\text{quar.}}\ 9^{\text{dxt.}},8$,

ou enfin, en pren.t le quart de 21.. $5^{\text{sal.}}\ 1^{\text{sét.}}\ 3^{\text{quar.}}\ 9^{\text{dxt.}},8$.

9. *On veut réduire 6 hectares 15 ares 4 centiares, ou* $6^{\text{h.ar.}},1504$, *en anciennes mesures de Nismes?*

L'hectare vaut en mesures de Nismes,

$1^{\text{salm.}}\ 5^{\text{ém.}}\ 28^{\text{dxt.}},511$.

Pour réduire cette valeur à sa plus petite dénomination, on observera que la salmée se divise en 12 émines, et que l'émine se subdivise en 31 dextres $\frac{1}{4}$. Mais afin de simplifier la multiplication qui se fera par ce dernier nombre, on réduira la fraction $\frac{1}{4}$ en décimales, d'après la règle que nous avons enseignée, et l'on trouvera que cette fraction équivaut à 0,25, en sorte que 31 $\frac{1}{4}$ est la même chose que 31,25.

D'après cela, on réduira la valeur ci-dessus en dextres, de la manière suivante:

	1 salm. 5 ém. 28 dxt.,511
Multipliez par. . .	12
Produit. . .	12 ém.
Ajoutez	5
Total. . . .	17 ém.
Multipliez par . . .	31,25
	21875
	3125
Produit. . .	531,25 dxt.
Ajoutez	28,511
Total, ou valeur de l'hectare.	559,761 dxt.

On multipliera donc 559 dxt.,761 par 6,1504, et l'on obtiendra pour la valeur cherchée 3442 dxt.,75, en négligeant les dernières décimales.

Pour extraire maintenant les émines contenues dans ce résultat, on le divisera par $31\frac{1}{4}$, ou mieux, par 31,25; or, puisque le dividende et le diviseur contiennent un pareil nombre de décimales, on supprimera la virgule de part et d'autre, et l'on divisera, comme on le voit ici, 344275 par 3125.

344275	3125
3177	ém. dxt.
525	110 5,25.

La division donne 110$^{\text{ém.}}$ au quotient avec un reste 525. Ce reste n'exprime pas des dextres, mais des centièmes de dextre, parce qu'en supprimant la virgule dans le dividende et dans le diviseur, c'est-à-dire, en les rendant l'un et l'autre cent fois plus grands, on a aussi rendu le reste cent fois plus grand; c'est pourquoi, on le divisera par 100, en séparant par la virgule, deux chiffres vers la droite, ce qui donnera pour véritable reste 5$^{\text{dxt.}}$,25. On portera donc ce reste à côté des 110$^{\text{ém.}}$ du quotient, et l'on aura pour seconde expression de la valeur cherchée 110$^{\text{ém.}}$ 5$^{\text{dxt.}}$,25. Divisant ensuite 110 par 12, ou prenant le douzième, on trouvera enfin 9$^{\text{salm.}}$ 2$^{\text{ém.}}$ 5$^{\text{dxt.}}$,25, pour la valeur définitive de 6$^{\text{h.ar.}}$,1504, ou de 6 hectares 15 ares 4 centiares.

10. *On veut encore réduire en anciennes mesures de Nismes*, 38 *ares* 45 *centiares, ou* 38$^{\text{at.}}$,45?

L'are étant égale à 5$^{\text{dxt.}}$,598, on multipliera cette valeur par 38,45, ce qui donnera $215^{dxt.},24$, pour la valeur de la quantité proposée ; ou bien $6^{ém.}\ 27^{dxt.},74$, en divisant par 31,25 de la manière ci-dessus indiquée.

On auroit pu encore multiplier $559^{dxt.},761$, valeur de l'hectare, par $0^{h.ar.},3845$.

11. *Combien valent en mesures d'Uzés, 9 hectares 40 ares 5 centiares, ou* $9^{h.ar.},4005$?

L'hectare vaut en mesures d'Uzés $1^{salm.}\ 5^{ém.}\ 8^{vest.},2398$, ou $158^{vest.},2398$; on multipliera donc cette valeur par 9,4005, et l'on obtiendra, en negligeant les dernières décimales, $1487^{vest.},53$, ou bien $14^{salm.}\ 8^{ém.}\ 7^{vest.},53$, ce qui est la valeur de la quantité proposée.

On peut remarquer ici que la réduction de la valeur de l'hectare, à sa plus petite dénomination, se fait sans calcul ; il suffit pour cela de rapprocher les chiffres qui représentent les différentes unités contenues dans cette valeur. L'extraction des émines et des salmées contenues dans le nombre de vestisons qui exprime la valeur de $9^{h.ar.},4005$, se fait avec la même facilité ; le chiffre des unités marque des vestisons, celui des dixaines, exprime des émines, et tous les autres à gauche, pris ensemble, expriment des salmées. Cet avantage résulte de ce que la division de la salmée se fait suivant l'ordre décimal.

12. *Combien valent en hectolitres, 36 salmées, mesure d'Alais ?*

On voit par la table des mesures de capacité pour les grains, indiquée par la liste alphabétique, au mot Alais, que la salmée vaut $2^{\text{h.l.}}$ $0^{\text{dc.l.}}$ $5^{\text{l.}},909$. Cette valeur étant écrite ainsi $205^{\text{l.}},909$, et multipliée ensuite par 36, donne, pour la valeur de la quantité proposée, $7412^{\text{l.}},7$, c'est-à-dire, 74 hectolitres 1 décalitre 2 litres 7 décilitres.

13. *On propose encore de réduire en hectolitres 18 salmées 2 septiers 1 émine 1 quarte 3 boisseaux*, même mesure d'Alais ?

On prendra dans la même table la valeur de la salmée et celle des subdivisions, et l'on trouvera par la multiplication que

	l.
18 salmées équivalent à	3706,362
2 septiers	102,954
1 émine	25,739
1 quarte	12,869
3 boisseaux	9,651
	l.
Total, valeur de la quantité proposée	3857,575,

ou simplement 3857$^{l.}$,6; c'est-à-dire, 38 hectolitres 5 décalitres 7 litres 6 décilitres.

14. *Quelle est la valeur en salmées d'Alais, de 25 hectolitres 6 décalitres 8 litres, ou de* 25$^{h.l.}$,68 ?

L'hectolitre vaut 0$^{salm.}$ 1$^{sept.}$ 1$^{ém.}$ 1$^{quar.}$ 3$^{boiss.}$,082; cette valeur étant réduite à sa plus petite dénomination, donne 31$^{boiss.}$,082. On multipliera donc 31$^{boiss.}$,082, par 25,68, et l'on trouvera, pour la valeur de la quantité proposée, 798$^{boiss.}$,19; ou 199$^{quar.}$ 2$^{boiss.}$,19; ou 99$^{ém.}$ 1$^{quar.}$ 2$^{boiss.}$,19; ou 49$^{sept.}$ 1$^{ém.}$ 1$^{quar.}$ 2$^{boiss.}$,19; ou enfin 12$^{salm.}$ 1$^{sept.}$ 1$^{ém.}$ 1$^{quar.}$ 2$^{boiss.}$,19.

2.° *Par la division.*

La division peut s'appliquer avec succès à toutes les réductions relatives à la première question.

15. *On propose de convertir en hectares* 314 *sèterées* 2 *quartes* 19 *dextres*, mesure du Vigan?

Il est évident que cette question consiste à chercher combien de fois la quantité proposée contient la valeur de l'hectare, qui, d'après la table n.° 2, de la seconde section, est égale à 5$^{sét.}$ 1$^{quar.}$ 2$^{dxt.}$,959, et que, par conséquent, on doit diviser 314$^{\text{sét.}}$ 2$^{\text{quar.}}$ 19$^{\text{dxt.}}$ par 5$^{\text{sét.}}$ 1$^{\text{quar.}}$ 2$^{\text{dxt.}}$,959. Cette division se fera aisément en réduisant ces deux quantités à leur plus petite dénomination, par le procédé indiqué aux pages 69 et 70 : la première deviendra 37759$^{\text{dxt.}}$, et la seconde 632$^{\text{dxt.}}$,959; en sorte qu'il faudra diviser 37759 par 632,959, ou mieux 37759000 par 632959, en ajoutant trois zéros au dividende, et en supprimant la virgule dans le diviseur, conformément aux règles de la division; l'opération étant poussée jusqu'à la quatrième décimale, donnera pour quotient, ou pour la valeur cherchée, 59$^{\text{h.ar.}}$,6547 ; c'est-à-dire, 59$^{\text{h.ar.}}$ 65$^{\text{ar.}}$ 47$^{\text{c.ar.}}$

OPÉRATION.

Dividende. 37759000	Diviseur. 632959
6111050	Quotient. 59$^{\text{h.ar.}}$,654

4144190 zéro ajouté pour avoir des 10mes
3464360 zér. ajouté pour avoir des 100mes
2995650 zéro aj. pour avoir des 1000mes
4638140 zéro aj. pour av. des 10000mes
207427

On peut remarquer ici que si l'on continuoit la division, il viendroit au cinquième rang un chiffre plus faible que 5, parce que le reste 207427 est inférieur à la moitié du diviseur ; c'est pour cette raison qu'on ne fait point ici l'addition d'une unité à la dernière décimale conservée.

16. *Combien valent 46 hectares 73 ares 85 centiares, ou* $46^{h.ar.},7385$, *en séterées*, mesure du Vigan ?

Puisque la séterée, mesure du Vigan, vaut $0^{h.ar.}$ $18^{ar.}$ $95^{c.ar.},857$, ou $0^{h.ar.},1895857$, il est clair que pour répondre à la question proposée, on doit diviser $46^{h.ar.}7385$ par $0^{h.ar.},1895857$; on ajoutera donc, conformément aux règles de la division, trois zéros à droite du dividende, parce qu'il ne renferme que quatre décimales, tandis qu'il y en a sept dans le diviseur, et supprimant ensuite la virgule de part et d'autre, on divisera 467385000 par 1895857. La division étant poussée jusqu'aux centièmes de dextre, donnera $246^{sét.}$ $2^{quar.}$ $3^{dxt.},56$, pour la valeur de 46 hectares 73 ares 85 centiares.

OPÉRATION.

OPÉRATION.

Dividende.. 467385000 | Diviseur. 1895857
8821360 | Quotient. 246sét. 2quar. 3dxt.,56
12379320
1004178
Multipliez par 4 pour avoir des quar.s au quotient.
4016712
224998
Multipliez par 30 pour avoir des dextres.
6749940
10623690 zéro ajo. pour avoir des 10mes.
11444050 zéro ajo. pour avoir des 100mes.
68908

Nous n'étendrons point ces exemples aux mesures de capacité pour le vin et pour l'huile, parce que les réductions relatives à ces sortes de mesures, s'exécutent absolument de la même manière que celles que nous venons d'opérer. Nous nous bornerons ici à faire voir comment on peut répondre à la seconde question.

EXEMPLES RELATIFS A LA SECONDE QUESTION.

1. *Le prix de la salmée de terre*, mesure de Nismes, *ayant été fixé à* 1675f., *quel doit être le prix de l'hectare ?*

Puisque la salmée de Nismes vaut $0^{h.ar.}$ $66^{ar.}$ $99^{c.ar.}$,285, ou $0^{h.ar.}$,6699285, il s'ensuit que 1675$^{f.}$ sont le prix de $0^{h.ar.}$,6699285 aussi bien que d'une salmée : donc, on doit obtenir le prix de l'hectare en divisant 1675$^{f.}$ par 0,6699285. Pour faire cette division, on ajoutera sept zéros à droite du dividende, parce qu'il y a sept décimales dans le diviseur, et supprimant la virgule dans celui-ci, on divisera 16750000000 par 6699285. La division étant poussée jusqu'à la seconde décimale, on trouve pour quotient 2500$^{f.}$,26, et pour reste 4568590. Si on vouloit continuer l'opération, on auroit nécessairement plus de 5 millièmes au quotient, parce que ce reste excède la moitié du diviseur; c'est pourquoi l'on augmentera les centièmes d'une unité, ce qui donnera pour prix définitif de l'hectare 2500$^{f.}$,27.

On voit par cet exemple que *pour déterminer le prix d'une mesure nouvelle, d'après le prix connu de la mesure ancienne correspondante, il suffit de diviser ce dernier prix par la valeur de l'ancienne mesure, exprimée par la nouvelle.*

On arriveroit encore au résultat que nous venons d'obtenir, en multipliant 1675$^{f.}$, prix de la salmée, par la valeur de l'hectare exprimée en dextres, c'est-à-dire, par 559,761 ; mais il faudroit ensuite diviser le produit de cette multiplication par 375, nombre des dextres contenus dans la salmée; le quotient donneroit le prix de l'hectare. En effet, puisque la salmée vaut 1675f., le prix du dextre, qui doit être 375 fois moindre, sera exprimé par la fraction de franc $\frac{1675}{375}$: donc, pour avoir le prix de l'hectare, c'est-à-dire, de 559dxt.,761, il faut multiplier cette fraction par 559,761 ; ce qui se fait en multipliant le numérateur 1675 par 559,761, et en divisant le produit par le dénominateur 375.

2. *A raison de 2500f.,27 l'hectare, on demande à combien revient la salmée*, mesure de Nismes ?

Quel que soit le nombre des hectares contenus dans la valeur de la salmée, il est évident qu'en multipliant le prix de l'hectare, par ce nombre, on doit obtenir le prix de la salmée. Or, la salmée de Nismes vaut 0h.ar.,6699285; donc, le prix de la salmée sera le produit de 2500f.,27 multipliés par 0,6699285 ; c'est-à-dire 1675f.,00213069$5$, ou mieux 1675f., en négligeant les décimales qui ont très-peu de valeur. Cette opération peut être considérée comme une preuve de la précédente.

On voit par-là que *pour déterminer le prix d'une mesure ancienne, d'après le prix connu de la mesure nouvelle correspondante, il suffit de multiplier ce dernier prix par la valeur de l'ancienne mesure, exprimée par la nouvelle.*

3. *La salmée de blé*, mesure d'Alais, *se vendant* 56f., *on demande quel doit être le prix de l'hectolitre ?*

La salmée d'Alais étant égale à 2h.l. 0dc.l. 5l.,909, ou 2h.l.,05909, on obtiendra le prix de l'hectolitre en divisant 56f. par 2,05909. On ajoutera donc cinq zéros à côté du dividende, et supprimant la virgule dans le diviseur, on aura 5600000 à diviser par 205909, ce qui donnera 27f.,20 pour le prix de l'hectolitre.

4. *Lorsque l'hectolitre de blé se vend* 30f., *quel doit être le prix de la salmée*, mesure d'Alais ?

Puisque la salmée d'Alais vaut 2h.l.,05909, on multipliera 30f., prix de l'hectolitre, par 2,05909, et l'on obtiendra pour le prix de la salmée 61f.,77.

On pourra s'exercer sur d'autres exemples à l'aide de ceux que nous venons de donner.

SECTION I.re

DES MESURES DE LONGUEUR,

Et des Mesures carrées et cubiques qui en sont formées.

1.° MESURES DE LONGUEUR.

Les Mesures de longueur anciennement en usage dans le Département étoient la Toise, l'Aune, la Canne de Nismes, et la Canne de Montpellier.

» La Toise se divisoit en 6 pieds; le Pied se subdivisoit en 12 pouces, le Pouce en 12 lignes, et la Ligne en 12 points.

Le rapport exact de la Toise au Mètre est celui de 1000000 à 513074; en sorte que

la Toise vaut $\frac{1000000}{513074}$ de mètre;

le Mètre vaut $\frac{513074}{1000000}$ de toise.

On déduit de ce rapport les valeurs suivantes:

	mt.
La Toise v.t	1,9490365912129634321754757
Le Pied . .	0,3248394318688272386959126
Le Pouce . .	0,0270699526557356032246594
La Ligne .	0,0022558293879779669353883

Le Mètre vaut.	0t., 513074 3p., 078444 36po., 941328 443lig., 295936	EXACTEMENT.

On aura la valeur du décimètre en reculant la virgule d'un rang vers la gauche dans la valeur du mètre ; celle du centimètre, en reculant la virgule de deux rangs ; et ainsi de suite. A cet effet, on ajoutera, s'il est nécessaire, un ou plusieurs zéros à la gauche de la valeur du mètre.

Pour réduire un nombre quelconque de toises en mètres, il faut multiplier la fraction $\frac{1000000}{513074}$ par le nombre de toises proposé (1).

Pour réduire un nombre quelconque de

---

(1) Pour multiplier une fraction par un nombre, il faut multiplier le numérateur par le nombre proposé, et diviser le produit par le dénominateur. Ex. $\frac{3}{4}$ multipliés par 8, donnent 6.

mètres en toises, il faut multiplier la fraction $\frac{513074}{1000000}$ par le nombre de mètres proposé.

Exemple 1. *On propose de réduire 365 toises en mètres.*

En multipliant 1000000 par 365, on a 365000000, et en divisant ce produit par 513074, on obtient 711mt.,398, ou 711 mètres 3 décimètres 9 centimètres 8 millimètres, pour la valeur demandée, à moins d'un millimètre près.

Voici la figure de l'opération :

	1000000		
Multipliez par	365		
Produit . .	365000000	*à diviser par*	513074
	584820	*Quotient*	711mt.,398
	717460		
	2043860		
	5046380		
	4287140		
	182548		

EXEMPLE 2. *On veut réduire 72 mètres en toises.*

513074
Multipliez par 72

1026148
3591518

Produit 36941328 *à diviser par* | 1000000
6941328 *Quotient* | 36t. 5p. 7po. 9lig.,307392
941328

Multipliez par 6 *et continuez la division pour avoir des pieds au quotient.*

5647968
647968

Multipliez par 12 *pour avoir des pouces.*

7775616
775616

Multipliez par 12 *pour avoir des lignes.*

9307392
307392

La valeur de 72 mètres est donc 36 toises 5 pieds 7 pouces 9 lignes et $\frac{307392}{1000000}$ de ligne; ou 36t. 5p. 7po. 9lig.,307392, en écrivant la fraction comme nous l'avons enseigné plus haut; ou bien, 36t. 5p. 7po. 9lig.,307, en négligeant les dernières décimales.

Mais les tables suivantes faciliteront ces sortes de réductions.

RÉDUCTION des Toises et des parties de la Toise en Mètres.

	mt.
1 toise vaut.	1,9490365912130
2	3,8980731824259
3	5,8471097736389
4	7,7961463648519
5	9,7451829560648
6	11,6942195472778
7	13,6432561384907
8	15,5922927297037
9	17,5413293209167
1 pied vaut.	0,3248394318688
2	0,6496788637377
3	0,9745182956065
4	1,2993577274753
5	1,6241971593441
6	1,9490365912130
7	2,2738760230818
8	2,5987154549506
9	2,9235548868194

	mt.
1 pouce vaut	0,0270699526557
2	0,0541399053115
3	0,0812098579672
4	0,1082798106229
5	0,1353497632787
6	0,1624197159344
7	0,1894896685901
8	0,2165596212459
9	0,2436295739016
10	0,2706995265574
11	0,2977694792131
1 ligne vaut	0,0022558293880
2	0,0045116587760
3	0,0067674881639
4	0,0090233175519
5	0,0112791469399
6	0,0135349763279
7	0,0157908057158
8	0,0180466351038
9	0,0203024644918
10	0,0225582938798
11	0,0248141232678

En faisant usage de ces tables et des suivantes, on prendra tel nombre de décimales qu'on jugera à propos, selon le degré d'exactitude auquel on voudra parvenir; et l'on observera toujours d'ajouter 1 à la dernière décimale conservée, lorsque la suivante à droite sera égale à 5, ou qu'elle excédera 5.

La première des tables ci-dessus, indiquant la valeur des toises, exprimée en mètres, depuis 1 toise jusqu'à 9 inclusivement, on en déduira, par le seul déplacement de la virgule, la valeur de 10, 100, 1000, etc. toises; celle de 20, 200, 2000, etc. toises; et ainsi de suite.

Par exemple, 1 toise, étant égale à

$1^{mt.},9490365912\,13$,

si on avance la virgule d'un rang vers la droite, on obtiendra

$19^{mt.},490365912\,13$,

pour la valeur de 10 toises; si on l'avance de deux rangs, on obtiendra

$194^{mt.},90365912\,13$,

pour la valeur de 100 toises, etc.

De même, la valeur de 2 toises, égale à

$3^{mt.},8980731824259$,

donne 38,980731824259 pour la val. de 20 toises;
389,80731824259 pour la val. de 200 t., etc.

D'après cela, quelle que soit la quantité

de toises proposée, on la convertira en mètres, par une simple addition.

EXEMPLE. *On veut réduire* 937t. 3p. 6po. 5lig. *en mètres?*

	mt.
900 toises donnent	1754,133
30	58,471
7	13,643
3 pieds	0,975
6 pouces	0,162
5 lignes.	0,011
TOTAL.	mt. 1827,395,

c'est-à-dire, 1827 mètres 395 millimètres, ou 1827 mètres 3 décimètres 9 centimètres 5 millimètres.

Pour convertir les Mètres et les parties du Mètre en Toises, on se servira des tables suivantes :

RÉDUCTION des Mètres et des parties du Mètre en Toises.

	t.	p.	po.	lig.	
1 mètre vaut	0	3	0	11,295936	EXACTEMENT.
2	1	0	1	10,591872	
3	1	3	2	9,887808	
4	2	0	3	9,183744	
5	2	3	4	8,479680	
6	3	0	5	7,775616	
7	3	3	6	7,071552	
8	4	0	7	6,367488	
9	4	3	8	5,663424	
10	5	0	9	4,959360	

	t.	p.	po.	lig.	
1 décim.e vaut.	0	0	3	8,3295936	EXACTEMENT.
2	0	0	7	4,6591872	
3	0	0	11	0,9887808	
4	0	1	2	9,3183744	
5	0	1	6	5,6479680	
6	0	1	10	1,9775616	
7	0	2	1	10,3071552	
8	0	2	5	6,6367488	
9	0	2	9	2,9663424	
10	0	3	0	11,2959360	
1 centim.e vaut.	0	0	0	4,43295936	EXACTEMENT.
2	0	0	0	8,86591872	
3	0	0	1	1,29887808	
4	0	0	1	5.73183744	
5	0	0	1	10,16479680	
6	0	0	2	2,59775616	
7	0	0	2	7,03071552	
8	0	0	2	11,46367488	
9	0	0	3	3,89663424	
10	0	0	3	8,32959360	
1 millim.e vaut.	0	0	0	0,443295936	EXACTEMENT
2	0	0	0	0,886591872	
3	0	0	0	1,329887808	
4	0	0	0	1,773183744	
5	0	0	0	2,216479680	
6	0	0	0	2,659775616	
7	0	0	0	3,103071552	
8	0	0	0	3,546367488	
9	0	0	0	3,989663424	
10	0	0	0	4,432959360	

Exemple. *On veut exprimer en toises* 18 mt.,375, *ou* 18 *mètres* 3 *décimètres* 7 *centimètres* 5 *millimètres.*

D'après les tables ci-dessus,

	t.	p.	po.	lig.
10 mètres donnent. . .	5	0	9	4,959
8	4	0	7	6,367
3 d.mt.	0	0	11	0,989
7 c.mt.	0	0	2	7,031
5 m.mt.	0	0	0	2,216
	t.	p.	po.	lig.
Total, ou valeur de 18 mt.,375. . .	9	2	6	9,562.

Lorsque le nombre de mètres proposé sera considérable, on en cherchera la valeur en Lignes, au moyen de la table suivante :

Réduction des Mètres en Lignes.

	lig.	
1 mètre vaut	443,295936	EXACTEMENT.
2	886,591872	
3	1329,887808	
4	1773,183744	
5	2216,479680	
6	2659,775616	
7	3103,071552	
8	3546,367488	
9	3989,663424	

Nous avons cru inutile de joindre ici d'autres tables pour les décimètres, les centimètres, les millimètres, etc.

Car, si l'on prend la valeur d'un mètre, dans la table ci-dessus, et qu'on recule la virgule d'un ou de plusieurs rangs vers la gauche, on obtiendra successivement :

lig.
44,3295936 pour la valeur d'un décimètre ;
4,43295936 pour la valeur d'un centimètre, etc.

Semblablement, la valeur de 2 mètres, donnera successivement les valeurs de 2 décimètres, 2 centimètres, 2 millimètres. . . . .

La valeur de 3 mètres, donnera celles de 3 décimètres, 3 centimètres, 3 millimètres, ... , et ainsi de suite.

D'après cela, quel que soit le nombre de mètres proposé, entier ou fractionnaire, on en trouvera l'expression en Lignes, par une simple addition.

On divisera ensuite, le nombre de lignes, que l'on aura obtenu, par 12, et on aura des pouces ;

On divisera les pouces, par 12, et l'on obtiendra des pieds ;

Enfin, on divisera les pieds, par 6, et l'on aura des toises.

EXEMPLE. *On propose de convertir en toises* 256$^{mt.}$,348 *ou* 256 *mètres* 3 *décimètres* 4 *centimètres* 8 *millimètres ?*

D'après la table ci-dessus,

	lig.
200 mt. équivalent à	88659,187
50	22164,797
6	2659,776
3 d.mt.	132,989
4 c.mt.	17,732
8 m.mt.	3,546
	lig.
TOTAL, ou val. de 256$^{mt.}$,348 ...	113638,027,
ou, en prenant le 12e. . .	9469$^{po:}$ 10$^{lig.}$,027,
ou, prenant encore le 12e.	789$^{p.}$ 1$^{po.}$ 10$^{lig.}$,027,
ou, en prenant le 6e. . . .	131$^{t.}$ 3$^{p:}$ 1$^{po.}$ 10$^{lig.}$,027.

» L'Aune de Paris, anciennement en usage, avoit 3 pieds 7 pouces 10 lignes $\frac{5}{6}$ de longueur.

Le rapport de l'Aune au Mètre est celui de 49390625 à 41558994 ; en sorte que

l'Aune vaut $\frac{49390625}{41558994}$ de mètre,

et le Mètre vaut $\frac{41558994}{49390625}$ d'aune.

Les deux tables suivantes faciliteront la réduction des Aunes en Mètres, et celle des Mètres en Aunes.

RÉDUCTION

RÉDUCTION des Aunes en Mètres.

	mt.
1 aune vaut	1,1884461159
2	2,3768922318
3	3,5653383477
4	4,7537844636
5	5,9422305795
6	7,1306766954
7	8,3191228113
8	9,5075689272
9	10,6960150431

RÉDUCTION des Mètres en Aunes.

	aun.
1 mètre vaut.	0,8414348674
2	1,6828697349
3	2,5243046023
4	3,3657394698
5	4,2071743372
6	5,0486092047
7	5,8900440721
8	6,7314789396
9	7,5729138070

EXEMPLE 1. *On veut exprimer 354 aunes en mètres ?*

D'après la première table,

	mt.
300 aunes équivalent à.	356,534
50	59,422
4	4,754
	mt.
TOTAL, ou val. de 354 aunes.	420,710,

c'est-à-dire, 420 mètres 71 centimètres, ou 420 mètres 7 décimètres 1 centimètre.

EXEMPLE 2. *On propose de convertir en aunes, 420mt.,71, ou 420 mètres 7 décimètres 1 centimètre ?*

D'après la seconde table ci-dessus,

	aun.	
400 mètres équiv.t à	336,574	
20	16,829	
7 décimètres . . .	0,589	en rec. la vir. d'un r. dans la val. de 7 mt.
1 centimètre. . .	0,008	en rec. la vir. de 2 r. dans la val. de 1 mt.
mt.	aun.	
TOT. ou v. de 420,71	354,000,	

résultat qui prouve l'exactitude de l'opération ci-dessus.

» La Canne se divisoit en 8 pans ; le Pan se subdivisoit ordinairement en 8 menus.

La Canne de Nismes avoit 6 pieds 1 pouce de longueur.

Le rapport de la Canne de Nismes au Mètre est celui de 4562500 à 2308833, en sorte que

La Canne de Nismes vaut $\frac{4562500}{2308833}$ de mètre ;
et le Mètre vaut. . . . . . . $\frac{2308833}{4562500}$ de canne.

On déduit de ce rapport les valeurs suivantes :

	mt.
La Canne vaut	1,9761065438686990354001350
Le Pan	0,2470133179835873794250169
Le Menu . . .	0,0308766647479484224281271

Le Mètre vaut (1)	0cn.,50604558904109 . . .
	4pn.,04836471232876
	32mn.,38691769863013

On obtiendra la valeur du décimètre, en reculant la virgule d'un rang vers la gauche dans la valeur du mètre ; celle du centimètre, en reculant la virgule de deux rangs, et ainsi de suite. A cet effet, on ajoutera,

(1) Ces expressions de la valeur du mètre présentent des fractions périodiques. La période est composée des 8 derniers chiffres qui se reproduisent à l'infini ; c'est-à-dire, de 58904109 dans la première expression ; de 71232876 dans la seconde, et de 69863013 dans la troisième.

s'il est nécessaire, un ou plusieurs zéros à la gauche de la valeur du mètre.

Voici des tables propres à réduire les Cannes de Nismes en Mètres.

RÉDUCTION des Cannes de Nismes, et des parties de la Canne en Mètres.

	mt.
1 canne vaut	1,9761065438687
2	3,9522130877374
3	5,9283196316061
4	7,9044261754748
5	9,8805327193435
6	11,8566392632122
7	13,8327458070809
8	15,8088523509496
9	17,7849588948183
1 pan vaut	0,2470133179836
2	0,4940266359672
3	0,7410399539508
4	0,9880532719343
5	1,2350665899179
6	1,4820799079015
7	1,7290932258851
8	1,9761065438687
9	2,2231198618523

	mt.
1 menu vaut.	0,0308766647479
2	0,0617533294959
3	0,0926299942438
4	0,1235066589918
5	0,1543833237397
6	0,1852599884877
7	0,2161366532356
8	0,2470133179836
9	0,2778899827315

EXEMPLE. *Réduire en mètres 276 cannes 3 pans 4 menus*, (mesure de Nismes)?

	mt.
200 cannes équivalent à	395,221
70	138,327
6	11,857
3 pans	0,741
4 menus	0,124
TOTAL, ou valeur de 276cn. 3pn. 4mn.	546,270

On emploiera les tables suivantes, pour convertir les Mètres en Cannes de Nismes.

RÉDUCTION des Mètres et des parties du Mètre en Cannes de Nismes.

	cn.	pn.	mn.
1 mètre vaut. .	0	4	0,3869176986
2	1	0	0,7738353973
3	1	4	1,1607530959
4	2	0	1,5476707945
5	2	4	1,9345884932
6	3	0	2,3215061918
7	3	4	2,7084238904
8	4	0	3,0953415890
9	4	4	3,4822592877
10	5	0	3,8691769863
1 décimèt. vaut.	0	0	3,2386917699
2	0	0	6,4773835397
3	0	1	1,7160753096
4	0	1	4,9547670795
5	0	2	0,1934588493
6	0	2	3,4321506192
7	0	2	6,6708423890
8	0	3	1,9095341589
9	0	3	5,1482259288
10	0	4	0,3869176986

	cn.	pn.	mn.
1 centim.e vaut.	0	0	0,3238691770
2	0	0	0,6477383540
3	0	0	0,9716075310
4	0	0	1,2954767079
5	0	0	1,6193458849
6	0	0	1,9432150619
7	0	0	2,2670842389
8	0	0	2,5909534159
9	0	0	2,9148225929
10	0	0	3,2386917699
1 millimèt. vaut.	0	0	0,0323869177
2	0	0	0,0647738354
3	0	0	0,0971607531
4	0	0	0,1295476708
5	0	0	0,1619345885
6	0	0	0,1943215062
7	0	0	0,2267084239
8	0	0	0,2590953416
9	0	0	0,2914822593
10	0	0	0,3238691770

EXEMPLE. *On demande la valeur de 15mt.,276, en cannes de Nismes ?*

D'après les tables ci-dessus,

	cn.	pn.	mn.
10mt. équivalent à. . . .	5	0	5,869
5	2	4	1,935
2d.mt.	0	0	6,477
7c.mt.	0	0	2,267
6m.mt.	0	0	0,194
	cn.	pn.	mn.
TOTAL, ou valeur de 15mt.,276. . .	7	5	6,742

Si le nombre de mètres, dont on veut connoître la valeur en cannes, est considérable, on en cherchera la valeur en Menus, au moyen de la table suivante.

On divisera ensuite les menus par 8, pour les réduire en pans, et l'on subdivisera les pans par 8, pour les réduire en cannes.

RÉDUCTION des Mètres en Menus, Mesure de Nismes.

	mn.
1 mètre vaut.	32,3869176986
2	64,7738353973
3	97,1607530959
4	129,5476707945
5	161,9345884932
6	194,3215061918
7	226,7084238904
8	259,0953415890
9	291,4822592877

EXEMPLE. *On demande la valeur de* 586$^{mt.}$,45, *en cannes de Nismes ?*

D'après la table précédente,

	mn.	
500$^{mt.}$ équivalent à .	16193,459	
80	2590,953	
6	194,322	
4$^{d.mt.}$	12,955	en rec. la v. d'un r. dans la v. de 4 mèt.
5$^{c.mt.}$	1,619	en rec. la v. de 2 r. dans la v. de 5 mèt.
T^{l}. ou v. en men. de 586,45 (mt.)	18993,308	
ou, en prenant le 8e.	2374$^{pn.}$ 1$^{mn.}$,308	
ou, en prenant encore le 8e.	296$^{cn.}$ 6$^{pn.}$ 1$^{mn.}$,308.	

» La Canne de Montpellier avoit 6 pieds 1 pouce 5 lignes de longueur.

Le rapport de la Canne de Montpellier au Mètre est celui de 13765625 à 6926499, en sorte que

La Canne vaut $\frac{13765625}{6926499}$ de mètre;

Le Mètre vaut $\frac{6926499}{13765625}$ de canne.

On déduit de ce rapport les valeurs suivantes :

	mt.
La Canne vaut.	1,9873856908085888700770765
Le Pan	0,2484232113510736087596346
Le Menu	0,0310529014188842010949545

Le Mètre vaut $\begin{cases} 0^{\text{cn.}},50317359364358\,7 \\ 4^{\text{pn.}},02538874914669\,5 \\ 32^{\text{mn.}},20310999318955\,7 \end{cases}$

Nous allons donner des tables propres à faciliter la conversion des Cannes de Montpellier en Mètres, et réciproquement.

Nous ne les accompagnerons d'aucun exemple de réduction, parce que ces sortes de calculs sont absolument les mêmes que ceux relatifs à la Canne de Nismes.

RÉDUCTION des Cannes de Montpellier et des parties de la Canne, en Mètres.

	mt.
1 canne vaut	1,9873856908085 9
2	3,97477138161718
3	5,96215707242577
4	7,94954276323436
5	9,93692845404294
6	11,92431414485153
7	13,91169983566012
8	15,89908552646871
9	17,88647121727730
1 pan vaut	0,24842321135107
2	0,49684642270215
3	0,74526963405322
4	0,99369284540429
5	1,24211605675537
6	1,49053926810644
7	1,73896247945752
8	1,98738569080859
9	2,23580890215966
1 menu vaut.	0,03105290141888
2	0,06210580283777
3	0,09315870425665
4	0,12421160567554
5	0,15526450709442
6	0,18631740851331
7	0,21737030993219
8	0,24842321135107
9	0,27947611276996

RÉDUCTION des Mètres et des parties du Mètre, en Cannes de Montpellier.

	cn.	pn.	mn.
1 mètre vaut . .	0	4	0,2031099319
2	1	0	0,4062198638
3	1	4	0,6093297957
4	2	0	0,8124397276
5	2	4	1,0155496595
6	3	0	1,2186595914
7	3	4	1,4217695233
8	4	0	1,6248794552
9	4	4	1,8279893871
10	5	0	2,0310993190
1 décim.e vaut .	0	0	3,2203109932
2	0	0	6,4406219864
3	0	1	1,6609329796
4	0	1	4,8812439728
5	0	2	0,1015549659
6	0	2	3,3218659591
7	0	2	6,5421769523
8	0	3	1,7624879455
9	0	3	4,9827989387
10	0	4	0,2031099319

	cn.	pn.	mn.
1 centim.e vaut .	0	0	0,32203109993
2	0	0	0,64406219986
3	0	0	0,96609329980
4	0	0	1,28812439973
5	0	0	1,61015549966
6	0	0	1,93218659959
7	0	0	2,25421769952
8	0	0	2,57624879946
9	0	0	2,89827989939
10	0	0	3,22031099932
1 millim.e vaut. .	0	0	0,03220310999
2	0	0	0,06440621999
3	0	0	0,09660932998
4	0	0	0,12881243997
5	0	0	0,16101554997
6	0	0	0,19321865996
7	0	0	0,22542176995
8	0	0	0,25762487995
9	0	0	0,28982798994
10	0	0	0,32203109993

RÉDUCTION des Mètres en Menus, Mesure de Montpellier.

	mn.
1 mètre vaut	32,203109993190
2	64,406219986379
3	96,609329979569
4	128,812439972758
5	161,015549965948
6	193,218659959137
7	225,421769952327
8	257,624879945516
9	289,827989938706

» La Toise étoit l'élément des Mesures itinéraires.

Parmi les différentes Lieues dont nous allons donner le rapport avec le Kilomètre, celle de 3000 toises, étoit la seule que l'on employoit dans le Département.

Le rapport de la Lieue de poste, ou de 2000 toises, au Kilomètre, est celui de 1000000 à 256537, en sorte que,

La Lieue de poste vaut $\frac{1000000}{256537}$ de kilomètre;
et le Kilomètre vaut. . . $\frac{256537}{1000000}$ de lieue de poste.

Le rapport de la Lieue de 3000 toises, au

Kilomètre, est celui de 1500000 à 256537 ; en sorte que,

La Lieue de 3000t. vaut $\frac{1500000}{256537}$ de kilomètre ;
et le Kilomètre vaut... $\frac{256537}{1500000}$ de lieue de 3000t.

La Lieue de 25 au degré, ou de 2280t. 1p. 11po. 8lig. $\frac{4}{25}$, est au Kilomètre comme 40 est à 9, en sorte que,

La Lieue de 25 au degré vaut $\frac{40}{9}$ de kilomètre ;
et le Kilomètre vaut...... $\frac{9}{40}$ de lieue de 25 au deg.

La Lieue de 20 au degré, ou de 2850t. 2p. 5po. 7lig. $\frac{1}{5}$, est au Kilomètre comme 50 est à 9, en sorte que,

La Lieue de 20 au degré vaut $\frac{50}{9}$ de kilomètre ;
et le Kilomètre vaut..... $\frac{9}{50}$ de lieue de 20 au deg.

On déduit de ces rapports les valeurs suivantes :

	k.mt.		mt.	
La Lieue de 2000t. vaut.	3,89807318	ou	3898,07318,	
La Lieue de 3000t. vaut.	5,84710977	ou	5847,10977,	
La Lieue de 25 au degré v.	4,44444444	ou	4444,44444,	(1)
La Lieue de 20 au degré v.	5,55555555	ou	5555,55555.	(2)

(1) Fraction périodique : le chiffre 4 se reproduit à l'infini.

(2) ..... *Idem*..... : le chiffre 5 se reproduit à l'infini.

		lieue.	
Le Kilom. v.	en Lieues de 2000t. . . .	0,256537	exactem.
	en Lieues de 5000t. . . .	0,1710246. . . .	(1)
	en Lieues de 25 au degré.	0,225	exactem.
	en Lieues de 20 au degré.	0,18	*idem.*

2.° MESURES CARRÉES.

La Toise et la Canne carrées étoient employées comme unités des Mesures de surface.

La Toise carrée contient 36 pieds carrés, puisque c'est un carré qui a 6 pieds de côté;

Le Pied carré contient 144 pouces carrés, puisque c'est un carré qui a 12 pouces de côté;

De même, le Pouce carré contient 144 lignes carrées.

La Toise carrée v.t 3mt.cr.,798743633887048 3; c'est-à-dire, 3 mètres carrés, 7 dixièmes 9 centièmes 8 millièmes 7 dix-millièmes, etc. de mètre carré; ou bien, 3 mètres carrés, 79 décimètres carrés, 87 centimètres carrés, 43 millimètres carrés, etc.

Le Pied carré v.t 0mt.cr.,10552065649686245, ou bien, 10d.mt.cr.,552065649686245; c'est-

(1) Fraction périodique : le chiffre 6 se reproduit à l'infini.

à-dire, 10 décimètres carrés, 5 dixièmes 5 centièmes 2 millièmes, etc. de décimètre carré, ou encore, 10 décimètres carrés, 55 centimètres carrés, 20 millimètres carrés, etc.

Le Pouce carré v.t $0^{mt.cr.}$,000732782336784, ou $7^{c.mt.cr.}$,32782336784.

La Ligne carrée v.t $0^{mt.cr.}$,00000508876623, ou $5^{m.mt.cr.}$,08876623.

Le Mètre carré vaut	t.cr. 0,263244929476	EXACTEMENT.
	p.cr. 9,476817461136	
	po.cr. 1364,661714403584	
	lig.cr. 196511,286874116096	

On obtiendra la valeur du décimètre carré, en reculant la virgule de deux rangs vers la gauche dans la valeur du mètre carré; celle du centimètre carré, en reculant la virgule de quatre rangs; celle du millimètre carré, en reculant la virgule de six rangs, et ainsi de suite. On ajoutera, pour cela, s'il est nécessaire, un ou plusieurs zéros à la gauche de la valeur du mètre carré.

Dans l'évaluation des superficies, on divisoit ordinairement la Toise carrée en 6 parties égales qu'on appeloit *Toises-pieds*;

La

La Toise-pied se subdivisoit en 12 parties égales appelées *Toises-pouces ;*

La Toise-pouce, en 12 parties égales appelées *Toises-lignes.*

Pour se faire une idée nette de cette division, il faut se représenter un carré ayant 6 pieds de côté (1 toise carrée); si l'on partage deux côtés opposés en six parties égales, et que, par les points de division, on mène des lignes droites, on divisera ce carré en six bandes égales, dont chacune aura six pieds, ou une toise de longueur, et un pied de largeur : chacune de ces parties sera une toise-pied.

On conçoit de même comment la Toise-pied peut se subdiviser en 12 toises-pouces, etc.

Semblablement, le Pied carré se divisoit en 12 *pieds-pouces*; le Pied-pouce se subdivisoit en 12 *pieds-lignes.*

On doit prendre garde de ne pas confondre les toises-pieds, toises-pouces, toises-lignes, avec les pieds, pouces et lignes carrés : la toise-pied vaut 6 pieds carrés; la toise-pouce vaut 72 pouces carrés, et la toise-ligne vaut 864 lignes carrées.

Pour réduire en mètres carrés, une superficie exprimée en toises carrées, toises-pieds, etc., on fera usage des tables suivantes :

RÉDUCTION des Toises carrées et des parties de la Toise carrée, en Mètres carrés.

	mt.cr.
1 toise carrée vaut.	3,7987436338870 5
2	7,5974872677741 0
3	11,396230901661 14
4	15,194974535548 19
5	18,993718169435 24
6	22,792461803322 29
7	26,591205437209 34
8	30,389949071096 39
9	34,188692704983 43
1 toise-pied vaut. .	0,633123938981 17
2	1,266247877962 35
3	1,899371816943 52
4	2,532495755924 70
5	3,165619694905 87
1 toise-pouce vaut.	0,052760328248 43
2	0,105520656496 86
3	0,158280984745 29
4	0,211041312993 72
5	0,263801641242 16
6	0,316561969490 59
7	0,369322297739 02
8	0,422082625987 45
9	0,474842954235 88
10	0,527603282484 31
11	0,580363610732 74

	mt.cr.
1 toise-ligne vaut. .	0,0043966940207O
2.	0,00879338804141
3.	0,01319008206211
4.	0,01758677608281
5.	0,02198347010351
6.	0,02638016412422
7.	0,03077685814492
8.	0,03517355216562
9.	0,03957024618632
10.	0,04396694020703
11.	0,04836363422773

Exemple. *Réduire* 384$^{t.cr.}$ 5$^{t.p.}$ 6$^{t.po.}$ 4$^{t.lig.}$, *en mètres carrés?*

D'après les tables ci-dessus,

	mt.cr.
300$^{t.cr.}$ donnent	1139,623090
80.	303,899491
4	15,194975
5$^{t.p.}$	3,165620
6$^{t.po.}$	0,316562
4$^{t.lig.}$	0,017587
TOTAL, ou valeur de 384$^{t.cr.}$ 5$^{t.p.}$ 6$^{t.po.}$ 4$^{t.lig.}$...	1462,217325,

que l'on peut énoncer ainsi : 1462 mètres carrés, 2 dixièmes 1 centième 7 millièmes, etc. de mètre carré ; ou 1462 mètres carrés

217325 millioniémes de mètre carré ; ou bien 1462 mètres carrés 21 décimètres carrés 73 centimètres carrés 25 millimètres carrés.

Si la quantité proposée est exprimée en pieds carrés, pieds-pouces, et pieds-lignes, on fera usage des tables suivantes :

RÉDUCTION des Pieds carrés et des parties du Pied carré, en Mètres carrés.

	mt.cr.
1 pied carré vaut. .	0,10552065649686
2.	0,21104131299372
3.	0,31656196949059
4.	0,42208262598745
5.	0,52760328248431
6.	0,63312393898117
7.	0,73864459547804
8.	0,84416525197490
9.	0,94968590847176
1 pied-pouce vaut. . .	0,00879338804141
2.	0,01758677608281
3.	0,02638016412422
4.	0,03517355216562
5.	0,04396694020703
6.	0,05276032824843
7.	0,06155371628984
8.	0,07034710433124
9.	0,07914049237265
10.	0,08793388041405
11.	0,09672726845546

	mt.cr.
1 pied-ligne vaut . .	0,000732782336 78
2	0,001465564673 57
3	0,002198347010 35
4	0,002931129347 14
5	0,003663911683 92
6	0,004396694020 70
7	0,005129476357 49
8	0,005862258694 27
9	0,006595041031 05
10	0,007327823367 84
11	0,008060605704 62

EXEMPLE. *Réduire en mètres carrés* 725p.cr. 9p.po. 10p.lig. ?

	mt.cr.
700p.cr. donnent.	73,864460
20.	2,110413
5.	0,527603
9p.po.	0,079140
10p.lig.	0,007328
	mt.cr.
TOTAL, ou valeur de 725p.cr. 9p.po. 10p.lig. . .	76,588944

La réduction des Mètres carrés et des parties du Mètre carré, en Toises carrées, se fera au moyen des tables suivantes :

RÉDUCTION des Mètres carrés et des parties du Mètre carré, en Toises carrées.

	t.cr.	t.p.	t.po.	t.lig.	
1 mt.cr. v.	0	1	6	11,443619067264	EXACTEMENT.
2	0	3	1	10,887238134528	
3	0	4	8	10,330857201792	
4	1	0	3	9,774476269056	
5	1	1	10	9,218095336320	
6	1	3	5	8,661714403584	
7	1	5	0	8,105333470848	
8	2	0	7	7,548952538112	
9	2	2	2	6,992571605376	
10	2	3	9	6,436190672640	
1 dix.e de mt.cr.	0	0	1	10,7443619067264	EXACTEMENT.
2	0	0	3	9,4887238134528	
3	0	0	5	8,2330857201792	
4	0	0	7	6,9774476269056	
5	0	0	9	5,7218095336320	
6	0	0	11	4,4661714403584	
7	0	1	1	3,2105333470848	
8	0	1	3	1,9548952538112	
9	0	1	5	0,6992571605376	
10	0	1	6	11,4436190672640	
1 cen.e de mt.cr.	0	0	0	2,27443619067264	EXACTEMENT.
2	0	0	0	4,54887238134528	
3	0	0	0	6,82330857201792	
4	0	0	0	9,09774476269056	
5	0	0	0	11,37218095336320	
6	0	0	1	1,64661714403584	
7	0	0	1	3,92105333470848	
8	0	0	1	6,19548952538112	
9	0	0	1	8,46992571605376	
10	0	0	1	10,74436190672640	

	t.cr.	t.p.	t.po.	t.lig.	
1 mill.e de mt.cr.	0	0	0	0,2274436190672 64	EXACTEMENT.
2	0	0	0	0,4548872381345 28	
3	0	0	0	0,6823308572017 92	
4	0	0	0	0,9097744762690 56	
5	0	0	0	1,1372180953363 20	
6	0	0	0	1,3646617144035 84	
7	0	0	0	1,5921053334708 48	
8	0	0	0	1,8195489525381 12	
9	0	0	0	2,0469925716053 76	
10	0	0	0	2,2744361906726 40	

EXEMPLE. *Réduire en toises carrées, 8 mètres carrés 27 décimètres carrés 65 centimètres carrés, ou* 8mt.cr.,2765 ?

	t.cr.	t.p.	t.po.	t.lig.	
8mt.cr.	2	0	7	7,549	
2dix.es	0	0	3	9,489	
7cent.es	0	0	1	3,921	
6mil.es	0	0	0	1,365	
5dix-mil.es . .	0	0	0	0,114	en rec. la virg. d'un r. vers la g. dans la v. de 5 millièm.
mt.cr.	t.cr.	t.p.	t.po.	t.lig.	
Tl., ou v. de 8,2765..	2	1	0	10,438	

Mais si le nombre de mètres carrés est considérable, on le réduira d'abord en toises-lignes, au moyen de la table ci-après; ensuite, on convertira le résultat successivement en toises-pouces, toises-pieds et toises carrées.

Réduction des Mètres carrés en Toises-lignes.

	t.lig.	
1 mètre carré vaut. .	227,4436190067264	EXACTEMENT.
2	454,887238134528	
3	682,330857201792	
4	909,774476269056	
5	1137,218095336320	
6	1364,661714403584	
7	1592,105333470848	
8	1819,548952538112	
9	2046,992571605376	

Exemple. *Réduire en toises carrées* 637$^{mt.cr.}$,586?

	t.lig.
600mt.cr. donnent.	136466,171
30.	6823,309
7.	1592,105
5dix.es	113,722
8cent.es	18,195
6mil.es	1,365
	t.lig.
Total	145014,867

ou, en prenant le 12e. 12084t.po. 6t.lig.,867

ou, en pr. encore le 12e. 1007t.p. 0t.po. 6t.lig.,867

ou, en prenant le 6e. 167t.cr. 5t.p. 0t.po. 6t.lig.,867

Si l'on veut convertir la quantité proposée en pieds carrés, on la réduira préalablement en pieds-lignes en se servant de la table suivante. Il sera ensuite aisé de convertir le résultat successivement en pieds-pouces, et en pieds carrés, en le divisant et en le subdivisant par le nombre 12.

RÉDUCTION des Mètres carrés en Pieds-lignes.

	p. lig.	
1 mètre carré vaut.	1364,66171440 3584	EXACTEMENT.
2	2729,32342880 7168	
3	4093,98514321 0752	
4	5458,64685761 4336	
5	6823,30857201 7920	
6	8187,97028642 1504	
7	9552,63200082 5088	
8	10917,29371522 8672	
9	12281,95542963 2256	

EXEMPLE. *On veut exprimer en pieds carrés* $2754^{mt.cr.},365$?

	p.lig.
2000mt.cr. équival. à	2729325,429
700.	955263,200
50	68233,086
4.	5458,647
3dix.es	409,399
6cent.es	81,880
5mil.es	6,823
TOTAL.	3758776,464

ou, en prenant le 12.e . . 313231p.po. 4p.lig.,464,

ou, en pr. encore le 12e. . 26102p.cr. 7p.po. 4p.lig.,464.

» La Canne carrée contient 64 pans carrés; le Pan carré contient 64 menus carrés.

	mt.cr.
La Canne carrée de Nismes vaut	3,9049970727206g
Le Pan carré vaut.	0,0610155792б126
Le Menu carré vaut.	0,000953368425g6

Le Mètre carré vaut. . .	0cn.cr.,2560821381g
	16pn.cr.,38925684403
	1048mn.cr.,9124380178З

On aura la valeur du décimètre carré, celle du centimètre carré, celle du millimètre carré, etc. en reculant la virgule vers la gauche successivement de deux, de quatre, de six rangs, dans la valeur du mètre carré; et pour cela, on ajoutera, s'il le faut, un ou plusieurs zéros à gauche de cette dernière valeur.

Dans l'évaluation des superficies, on divisoit ordinairement la Canne carrée en 8 parties égales qu'on appeloit *Cannes-pans*;

La Canne-pan se subdivisoit en 8 parties égales appelées *Cannes-menus*.

Il est important de ne pas confondre les cannes-pans et les cannes-menus, avec les pans et les menus carrés : la canne-pan vaut 8 pans carrés; et la canne-menu vaut 64 menus carrés.

RÉDUCTION des Cannes carrées de Nismes, et des parties de la Canne carrée, en Mètres carrés.

	mt.cr.
1 canne carrée vaut.	3,904997072721
2.	7,809994145441
3.	11,714991218162
4.	15,619988290883
5.	19,524985363603
6.	23,429982436324
7.	27,334979509045
8.	31,239976581766
9.	35,144973654486
1 canne-pan vaut. . . .	0,488124634090
2.	0,976249268180
3.	1,464373902270
4.	1,952498536360
5.	2,440623170450
6.	2,928747804541
7.	3,416872438631
1 canne-menu vaut. . .	0,061015579261
2.	0,122031158523
3.	0,183046737784
4.	0,244062317045
5.	0,305077896306
6.	0,366093475568
7.	0,427109054829

EXEMPLE. *Combien valent 165cn.cr. 4cn.pn. 7cn.mn. en mètres carrés ?*

	mt.cr.
100cn.cr. valent. . . .	390,500
60.	234,300
5.	19,525
4cn.pn.	1,952
7cn.mn.	0,427
	mt.cr.
TOTAL.	646,704

RÉDUCTION des Mètres carrés et des parties du Mètre carré, en Cannes carrées de Nismes.

	cn.cr.	cn.pn.	cn.mn.
1 mètre carré v.t .	0	2	0,3892568403
2.	0	4	0,7785136806
3.	0	6	1,1677705209
4.	1	0	1,5570273611
5.	1	2	1,9462842014
6.	1	4	2,3355410641
7.	1	6	2,7247979082
8.	2	0	3,1140547522
9.	2	2	3,5033115962
10.	2	4	3,8925684402

	cn.cr.	cn.pn.	cn.mn.
1 dix.e de mt. cr.	0	0	1,6389256844o
2.	0	0	3,27785136881
3.	0	0	4,91677705321
4.	0	0	6,55570273761
5.	0	1	0,19462842201
6.	0	1	1,83355410642
7.	0	1	3,47247979082
8.	0	1	5,11140547522
9.	0	1	6,75033115963
10.	0	2	0,38925684403
1 cent.e de mt. cr.	0	0	0,16389256844
2.	0	0	0,32778513688
3.	0	0	0,49167770532
4.	0	0	0,65557027376
5.	0	0	0,81946284220
6.	0	0	0,98335541064
7.	0	0	1,14724797908
8.	0	0	1,31114054752
9.	0	0	1,47503311596
10.	0	0	1,63892568440
1 mill.e de mt. cr.	0	0	0,01638925684
2.	0	0	0,03277851369
3.	0	0	0,04916777053
4.	0	0	0,06555702738
5.	0	0	0,08194628422
6.	0	0	0,09833554106
7.	0	0	0,11472479791
8.	0	0	0,13111405475
9.	0	0	0,14750331160
10.	0	0	0,16389256844

EXEMPLE. *On veut réduire* $9^{mt.cr.}$, 375, *en cannes carrées de Nimes ?*

	cn.cr.	cn.pn.	cn.mn.
$9^{mt.cr.}$ équivalent à. .	2	2	3,503
$3^{dix.es}$	0	0	4,917
$7^{cent.es}$	0	0	1,147
$5^{mil.es}$	0	0	0,082
	cn.cr.	cn.pn.	cn.mn.
TOTAL	2	3	1,649

Quelque grand que soit le nombre de mètres carrés que l'on propose de réduire en cannes carrées, on pourra toujours, au moyen de la table ci-après, en trouver l'expression en cannes-menus, que l'on convertira successivement en cannes-pans et en cannes carrées.

RÉDUCTION des Mètres carrés en Cannes-menus, Mesure de Nismes.

	cn.mn.
1 mètre carré vaut. .	16,3892568440З
2.	32,77851368806
3.	49,16777053209
4.	65,55702737611
5.	81,94628422014
6.	98,33554106417
7.	114,72479790820
8.	131,11405475223
9.	147,50331159626

EXEMPLE. *Combien valent* 856 mt.cr.,37, *en cannes carrées*, mesure de Nismes?

	cn.mn.
800 mt.cr. équivalent à	13111,405
50.	819,463
6.	98,336
3 dix.es	4,917
7 cent.es	1,147
	cn.mn.
TOTAL	14035,268
ou, en prenant le 8e. . . .	1754 cn.pn. 3 cn.mn.,268
ou, en prenant encore le 8e.	219 cn.cr. 2 cn.pn. 3 cn.mn.,268

	mt.cr.
La Canne carrée de Montp.r v.t	3,9497018840307319993
Le Pan carré.	0,06171409193798018 7
Le Menu carré.	0,00096428268653094 0

Le Mètre carré vaut. . { 0 cn.cr.,25318366534 0 ; 16 pn.cr.,2037545817 73 ; 1037 mn.cr.,0402932334 6 1 }

RÉDUCTION des Cannes carrées de Montpellier et des parties de la Canne carrée, en Mètres carrés.

	mt.cr.
1 canne carrée vaut.	3,949701884031
2.	7,899403768061
3.	11,849105652092
4.	15,798807536123
5.	19,748509420154
6.	23,698211304184
7.	27,647913188215
8.	31,597615072246
9.	35,547316956277

	mt.cr.
1 canne-pan vaut . . .	0,493712735504
2.	0,987425471008
3.	1,481138206512
4.	1,974850942015
5.	2,468563677519
6.	2,962276413023
7.	3,455989148527
1 canne-menu vaut. .	0,061714091938
2.	0,123428183876
3.	0,185142275814
4.	0,246856367752
5.	0,308570459690
6.	0,370284551628
7.	0,431998643566

RÉDUCTION des Mètres carrés et des parties du Mètre carré, en Cannes carrées de Montpellier.

	cn.cr.	cn.pn.	cn.mn.
1 mètre carré v^t.	0	2	0,203754581773
2.	0	4	0,407509163546
3.	0	6	0,611263745318
4.	1	0	0,815018327091
5.	1	2	1,018772908864
6.	1	4	1,222527490637
7.	1	6	1,426282072410
8.	2	0	1,630036654183
9.	2	2	1,833791235955
10.	2	4	2,037545817728

1 dixième

	cn.cr.	cn.pn.	cn.mn.
1 dix.e de mt. cr.	0	0	1,620375458177
2	0	0	3,240750916355
3	0	0	4,861126374532
4	0	0	6,481501832709
5	0	1	0,101877290886
6	0	1	1,722252749064
7	0	1	3,342628207241
8	0	1	4,963003665418
9	0	1	6,583379123596
10	0	2	0,203754581773
1 cent.e de mt. cr.	0	0	0,162037545818
2	0	0	0,324075091635
3	0	0	0,486112637453
4	0	0	0,648150183271
5	0	0	0,810187729089
6	0	0	0,972225274906
7	0	0	1,134262820724
8	0	0	1,296300366542
9	0	0	1,458337912360
10	0	0	1,620375458177
1 mill.e de mt. cr.	0	0	0,016203754582
2	0	0	0,032407509164
3	0	0	0,048611263745
4	0	0	0,064815018327
5	0	0	0,081018772909
6	0	0	0,097222527491
7	0	0	0,113426282072
8	0	0	0,129630036654
9	0	0	0,145833791236
10	0	0	0,162037545818

RÉDUCTION des Mètres carrés en Cannes-menus, Mesure de Montpellier.

	cn.mn.
1 mètre carré vaut.	16,2037545801773
2	32,4075091635460
3	48,6112637453180
4	64,8150183270910
5	81,0187729088640
6	97,2225274906370
7	113,4262820724100
8	129,6300366541830
9	145,8337912359550

3.° MESURES CUBIQUES.

La Toise et la Canne cubes étoient employées comme unités des Mesures cubiques.

» La Toise cube contient 216 pieds cubes, parce que c'est un solide qui a 6 pieds en tout sens.

Le Pied cube contient 1728 pouces cubes, parce que c'est un solide qui a 12 pouces en tout sens.

De même, le Pouce cube contient 1728 lignes cubes.

La Toise cube vaut 7mt.cb.,4038903430831 58; c'est-à-dire, 7 mètres cubes, 4 dixièmes 0 centième 3 millièmes, etc. de mètre cube; ou bien, 7 mètres cubes, 403 décimètres cubes, 890 centimètres cubes, 343 millimètres cubes, etc.

Le Pied cube vaut $0^{\text{mt.cb.}}$,034277270106866; ou bien, $34^{\text{d.mt.cb.}}$,277270106866.

Le Pouce cube vaut $0^{\text{mt.cb.}}$,00001983638316; ou bien, $19^{\text{c.mt.cb.}}$,83638316.

La Ligne cube vaut $0^{\text{mt.cb.}}$,00000001147939; ou bien, $11^{\text{m.mt.cb.}}$,47939.

Le Mètre cube v.t	t.cb. 0,135064128945969224	EXACTEMENT.
	p.cb. 29,173851852529552584	
	po.cb. 50412,416000825120919552	
	lig.cb. 87112654,8494258089489 85856	

On obtiendra la valeur du décimètre cube, celle du centimètre cube, celle du millimètre cube, etc. en reculant la virgule vers la gauche, successivement de trois, de six, de neuf rangs dans la valeur du mètre cube; et pour cela, on ajoutera, s'il le faut, un ou plusieurs zéros à gauche de cette dernière valeur.

Dans l'évaluation des solidités, on divisoit la Toise cube en 6 parties égales appelées *Toises-toises-pieds*;

La Toise-toise-pied se subdivisoit en 12 parties égales appelées *Toises-toises-pouces ;*

La Toise-toise-pouce, en 12 parties égales appelées *Toises-toises-lignes.*

La Toise-toise-pied, la Toise-toise-pouce et la Toise-toise-ligne sont trois solides ayant tous une toise de longueur et une toise de largeur (*ou une toise carrée de base*), mais le premier, un pied de hauteur ; le second, un pouce de hauteur, et le troisième, une ligne de hauteur.

Le Pied cube se divisoit semblablement en 12 *pieds-pieds-pouces* ; le Pied-pied-pouce se subdivisoit en 12 *pieds-pieds-lignes.*

Ne confondez pas les toises-toises-pieds, toises-toises-pouces, toises-toises-lignes, avec les pieds, pouces et lignes cubes : la toise-toise-pied vaut 36 pieds cubes ; la toise-toise-pouce vaut 5184 pouces cubes ; la toise-toise-ligne vaut 746496 lignes cubes.

RÉDUCTION des Toises cubes et des parties de la Toise-cube, en Mètres cubes.

	mt.cb.
1 toise cube vaut.	7,403890343083
2	14,807780686166
3	22,211671029249
4	29,615561372333
5	37,019451715416
6.	44,423342058499
7	51,827232401582
8	59,231122744665
9	66,635013087748
1 toise-toise-pied vaut . . .	1,233981723847
2	2,467963447694
3	3,701945171542
4	4,935926895389
5	6,169908619236
1 toise-toise-pouce vaut.	0,102831810321
2	0,205663620641
3	0,308495430962
4	0,411327241282
5	0,514159051603
6	0,616990861924
7	0,719822672244
8	0,822654482565
9	0,925486292885
10	1,028318103206
11	1,131149913527

	mt.cb.
1 toise-toise-ligne vaut. .	0,0085693 17527
2.	0,0171386 35053
3.	0,0257079 52580
4.	0,0342772 70107
5.	0,0428465 87634
6.	0,0514159 05160
7.	0,0599852 22687
8.	0,0685545 40214
9.	0,0771238 57740
10.	0,0856931 75267
11.	0,0942624 92794

Exemple. *Réduire en mètres cubes* 450$^{t.cb.}$ 5$^{t.t.p.}$ 8$^{t.t.po.}$?

	mt.cb.
400$^{t.cb.}$ donnent . . .	2961,556137233
50.	370,194517154
5$^{t.t.p.}$	6,169908619
8$^{t.t.po.}$	0,822654483
Total	3338,743217489,

que l'on énonce en disant : 3338 mètres cubes, 7 dixièmes 4 centièmes 3 millièmes, etc. de mètre cube; ou, 3338 mètres cubes 743217489 billionièmes de mètre cube; ou bien, 3338 mètres cubes, 743 décimètres cubes, 217 centimètres cubes, 489 millimètres cubes.

Si la solidité est exprimée en pieds cubes et en parties du pied cube, on la convertira en mètres cubes, avec la même facilité, au moyen des tables ci-après :

RÉDUCTION des Pieds cubes et des parties du Pied cube, en Mètres cubes.

	mt.cb.
1 pied cube vaut	0,034277270107
2	0,068554540214
3	0,102831810321
4	0,137109080427
5	0,171386350534
6	0,205663620641
7	0,239940890748
8	0,274218160855
9	0,308495430962
1 pied-pied-pouce vaut	0,002856439176
2	0,005712878351
3	0,008569317527
4	0,011425756702
5	0,014282195878
6	0,017138635053
7	0,019995074229
8	0,022851513405
9	0,025707952580
10	0,028564391756
11	0,031420830931

	mt.cb.
1 pied-pied-ligne vaut . . .	0,0002380365 98
2.	0,0004760731 96
3.	0,0007141097 94
4.	0,0009521463 92
5.	0,0011901829 90
6	0,0014282195 88
7	0,0016662561 86
8.	0,0019042927 84
9.	0,0021423293 82
10.	0,0023803659 80
11.	0,0026184025 78

La réduction des Mètres cubes et des parties du Mètre cube, en Toises cubes, pourra se faire au moyen des tables suivantes :

RÉDUCTION des Mètres cubes et des parties du Mètre cube, en Toises cubes.

	t.cb.	t.t.p.	t.t.po.	t.t.lig.	
1 mètre cube vaut. .	0	0	9	8,69540740931740953 6	EXACTEMENT.
2.	0	1	7	5,39081481863481907 2	
3.	0	2	5	2,08622222795222860 8	
4.	0	3	2	10,78162963726963814 4	
5.	0	4	0	7,47703704658704768 0	
6.	0	4	10	4,17244445590445721 6	
7.	0	5	8	0,86785186522186675 2	
8.	1	0	5	9,56325927453927628 8	
9.	1	1	3	6,25866668385668582 0	
10.	1	2	1	2,95407409317409536 4	

	t.cb.	t.t.p.	t.t.po.	t.t.lig.	
1 dix.e de mt.cb. vt.	0	0	0	11,6695407409317409536	EXACTEMENT.
2.	0	0	1	11,3390814818634819072	
3.	0	0	2	11,0086222227952228608	
4.	0	0	3	10,6781629637269638144	
5.	0	0	4	10,3477037046587047680	
6.	0	0	5	10,0172444455904457216	
7.	0	0	6	9,6867851865221866752	
8.	0	0	7	9,3563259274539276288	
9.	0	0	8	9,0258666683856685824	
10.	0	0	9	8,6954074093174095360	
1 cent.e de mt.cb. vt.	0	0	0	1,16695407409317409536	EXACTEMENT.
2.	0	0	0	2,33390814818634819072	
3.	0	0	0	3,50086222227952228608	
4.	0	0	0	4,66781629637269638144	
5.	0	0	0	5,83477037046587047680	
6.	0	0	0	7,00172444455904457216	
7.	0	0	0	8,16867851865221866752	
8.	0	0	0	9,33563259274539276288	
9.	0	0	0	10,50258666683856685824	
10.	0	0	0	11,66954074093174095360	
1 mill.e de mt.cb. vt.	0	0	0	0,116695407409317409536	EXACTEMENT.
2.	0	0	0	0,233390814818634819072	
3.	0	0	0	0,350086222227952228608	
4.	0	0	0	0,466781629637269638144	
5.	0	0	0	0,583477037046587047680	
6.	0	0	0	0,700172444455904457216	
7.	0	0	0	0,816867851865221866752	
8.	0	0	0	0,933563259274539276288	
9.	0	0	0	1,050258666683856685824	
10.	0	0	0	1,166954074093174095360	

Exemple. *Combien valent en toises-cubes, 9 mètres cubes, 465 décimètres cubes, 238 centimètres cubes, ou* $9^{mt.cb.}$,465238 ?

	t.cb.	t.t.p.	t.t.po.	t.t.lig.	
$9^{mt.cb.}$ donnent.	1	1	3	6,2587	
4 dix.es	0	0	3	10,6782	
6 cent.es......	0	0	0	7,0017	
5 mill.es	0	0	0	0,5835	
2 dix-mill.es ..	0	0	0	0,0233	en rec. la v. d'un r. dans la val. de 2 millièmes.
3 cent-mill.es ..	0	0	0	0,0035	en rec. la v. de 2 r. dans la val. de 3 millièmes.
8 million.es ...	0	0	0	0,0009	en rec. la v. de 3 r. dans la val. de 8 millièmes.
	t.cb.	t.t.p.	t.t.po.	t.t.lig.	
Total	1	1	8	0,5498	

Mais lorsque le nombre de mètres cubes proposé sera considérable, on le convertira d'abord en Toises-toises-lignes, au moyen de la table ci-dessous, et l'on réduira ensuite le résultat successivement en toises-toises-pouces, toises-toises-pieds et toises cubes.

Réduction des Mètres cubes en Toises-toises-lignes.

	t.t.lig.	
1 mèt.e cube vt.	116,69540740931740 9536	EXACTEMENT.
2	233,3908148186348 19072	
3	350,0862222279522 28608	
4	466,7816296372696 38144	
5	583,4770370465870 47680	
6	700,1724444559044 57216	
7	816,8678518652218 66752	
8	933,5632592745392 76288	
9	1050,2586666838566 85824	

Exemple. *Réduire en toises cubes* 8500 *mètres cubes* 306 *décimètres cubes* 800 *centimètres cubes, ou* 8500mt.cb.,3068?

	t.t.lig.
8000mt.cb. équiv.t à	933563,259
500..........	58347,704
3 dix.es......	35,009
6 mill.es	0,700
8 dix-mill.es ...	0,093
	t.t.lig.
Total.	991946,765
ou, en div.t par 12. .	82662t.t.po. 2t.t.lig.,765
ou, en d.t encore par 12	6888t.t.p. 6t.t.po. 2t.t.lig.,765
ou enfin, en d.t par 6. .	1148t.cb. 0t.t.p. 6t.t.po. 2t.t.lig.,765

Si l'on désire convertir la solidité proposée en pieds cubes et en parties du pied cube, on en cherchera d'abord la valeur en Pieds-pieds-lignes, par la table qui suit, et l'on déduira successivement de cette valeur l'expression en pieds-pieds-pouces et en pieds cubes.

RÉDUCTION des Mètres cubes en Pieds-pieds-lignes.

	p.p.lig.	
1 mt.^{e} cb. v^{t}.	4201,0346667354267 43296	EXACTEMENT,
2	8402,0693334708534 86592	
3	12603,1040002062802 29888	
4	16804,1386669417069 73184	
5	21005,1733336771337 16480	
6	25206,2080004125604 59776	
7	29407,2426671479872 03072	
8	33608,2773338834139 46368	
9	37809,3120006188406 89664	

EXEMPLE. *Combien valent en pieds cubes 630 mètres cubes 4 décimètres cubes 95 centimètres cubes, c'est-à-dire* 630$^{mt.cb.}$,004095 ?

	p.p.lig.
600$^{mt.cb.}$ équivalent à. .	2520620,800
30.	126031,040
4 mill.^{es}	16,804
9 cent-mill.^{es}	0,378
5 million.^{es}	0,021
TOTAL.	2646669,043
ou, en divisant par 12. .	220555$^{p.p.po.}$ 9$^{p.p.lig.}$,043
ou, en div. encore par 12.	18379$^{p.cb.}$ 7$^{p.p.po.}$ 9$^{p.p.lig.}$ 043

» La Canne cube contient 512 pans cubes; le Pan cube contient 512 menus cubes.

	mt.cb.
La Canne cube de Nismes vaut.	7,7166902691 9
Le Pan cube	0,0150716606 8
Le Menu cube.	0,0000294368 4
	cn.cb.
Le Mètre cube vaut.	0,1295892365
	pn.cb.
	66,3496890687
	mn.cb.
	33971,0408031515

On aura la valeur du décimètre cube, celle du centimètre cube, celle du millimètre cube, etc., en reculant la virgule vers la gauche, successivement de trois, de six, de neuf rangs dans la valeur du mètre cube; et l'on ajoutera, pour cela, s'il est nécessaire, un ou plusieurs zéros à gauche de cette dernière valeur.

Dans l'évaluation des solidités, on divisoit ordinairement la Canne cube en 8 parties égales qu'on appeloit *Cannes-cannes-pans*;

La Canne-canne-pan se subdivisoit en 8 parties égales appelées *Cannes-cannes-menus*.

On doit bien distinguer les cannes-cannes-pans et les cannes-cannes-menus, des pans et des menus cubes : la canne-canne-pan vaut 64 pans cubes, et la canne-canne-menu vaut 4096 menus cubes.

RÉDUCTION des Cannes cubes de Nismes, et des parties de la Canne cube, en Mètres cubes.

	mt.cb.
1 canne cube vaut. . .	7,71669026919
2.	15,43338053838
3.	23,15007080757
4.	30,86676107677
5.	38,58345134596
6.	46,30014161515
7.	54,01683188434
8.	61,73352215353
9.	69,45021242272
1 canne-canne pan v^t.	0,96458628365
2.	1,92917256730
3.	2,89375885095
4.	3,85834513460
5.	4,82293141824
6.	5,78751770189
7.	6,75210398554
1 canne-canne-menu v^t.	0,12057328546
2.	0,24114657091
3.	0,36171985637
4.	0,48229314182
5.	0,60286642728
6.	0,72343971274
7.	0,84401299819

Exemple. *Réduire en mètres cubes* 540^cn.cb. 3^cn.cn.pn. 5^cn.cn.mn. ?

	mt.cb.
500^cn.cb. donnent. . .	3858,345135
40.	308,667611
3^cn.cn.pn.	2,893759
5^cn.cn.mn.	0,602866
	mt.cb.
Total.	4170,509371

***Réduction** des Mètres cubes et des parties du Mètre cube, en Cannes cubes de Nismes.*

	cn.cb.	cn.cn.pn.	cn.cn.mn.
1 mètre cube vt. . .	0	1	0,2937111358
2	0	2	0,5874222716
3	0	3	0,8811334007
4	0	4	1,1748445343
5	0	5	1,4685556791
6	0	6	1,7622668014
7	0	7	2,0559779350
8	1	0	2,3496890686
9	1	1	2,6434002022
10	1	2	2,9371113358
1 dix.^e de mt.cb. . .	0	0	0,8293711133
2	0	0	1,6587422267
3	0	0	2,4881133400
4	0	0	3,3174844534
5	0	0	4,1468555667
6	0	0	4,9762266801
7	0	0	5,8055977935
8	0	0	6,6349689068
9	0	0	7,4643400202
10	0	1	0,2937111358

	cn.cb.	cn.cn.pn.	cn.cn.mn.
1 cent.e de mt.cb.	0	0	0,0829371134
2	0	0	0,1658742267
3	0	0	0,2488113401
4	0	0	0,3317484534
5	0	0	0,4146855668
6	0	0	0,4976226801
7	0	0	0,5805597935
8	0	0	0,6634969069
9	0	0	0,7464340202
10	0	0	0,8293711336
1 mill.e de mt.cb.	0	0	0,0082937113
2	0	0	0,0165874227
3	0	0	0,0248811340
4	0	0	0,0331748453
5	0	0	0,0414685567
6	0	0	0,0497622680
7	0	0	0,0580559794
8	0	0	0,0663496907
9	0	0	0,0746434002o
10	0	0	0,0829371134

Exemple.

EXEMPLE. *Réduire en cannes cubes 10 mètres cubes 45 décimètres cubes 60 centimètres cubes, c'est-à-dire, 10mt.cb.,04506?*

	cn.cb.	cn.cn.pn.	cn.cn.mn.	
10mt.cb. équivalent à	1	2	2,9371	
4 centièmes	0	0	0,3317	
5 millièmes	0	0	0,0415	
6 cent-millièmes . .	0	0	0,0005	en r. la v. de 2 r. dans la v. de 6 millièmes.
	cn.cb.	cn.cn.pn.	cn.cn.mn.	
TOTAL.	1	2	3,5108	

Quelque grand que soit le nombre de mètres cubes proposé, on pourra toujours, au moyen de la table ci-après, en trouver l'expression en Cannes-cannes-menus. Il sera ensuite aisé de convertir cette expression, successivement en cannes-cannes-pans et en cannes cubes.

RÉDUCTION des Mètres cubes en Cannes-cannes-menus, Mesure de Nismes.

	cn.cn.mn.
1 mètre cube vaut. . .	8,29371113358
2.	16,58742226716
3.	24,88113340075
4.	33,17484453433
5.	41,46855566791
6.	49,76226680149
7.	58,05597793507
8.	66,34968906866
9.	74,64340020224

EXEMPLE. *Réduire en cannes cubes 960 mètres cubes 50 décimètres cubes 90 centimètres cubes, ou 960*mt.cb.,05009 ?

	cn.cn.mn.
900mt.cb. équivalent à	7464,3400
60.	497,6227
5 cent.es	0,4147
9 cent-mill.es	0,0007
	cn.cn.mn.
TOTAL	7962,3781
ou, en divisant par 8. .	995cn.cn.pn. 2cn.cn.mn.,3781
ou, en div. encore par 8	124cn.cb. 3cn.cn.pn. 2cn.cn.mn.,3781

	mt.cb.
» La Canne cube de Montpellier v.t	7,84958100728240I
Le Pan cube vaut	0,015331212904848
Le Menu cube vaut.	0,000029 943775205

Le Mètre cube vaut	cn.cb. 0,12739533474
	pn.cb. 65,22641158743
	mn.cb. 33395,92265036658

Réduction des Cannes cubes de Montpellier et des parties de la Canne cube, en Mètres cubes.

	mt.cb.
1 canne cube vaut. .	7,849581007282
2	15,699162014565
3	23,548743021847
4	31,398324029130
5	39,247905036412
6	47,097486043694
7	54,947067050977
8	62,796648058259
9	70,646229065542
1 canne-canne-pan vt.	0,981197625910
2	1,962395251821
3	2,943592877731
4	3,924790503641
5	4,905988129552
6	5,887185755462
7	6,868383381372
1 canne-canne-menu vt.	0,122649703239
2	0,245299406478
3.	0,367949109716
4	0,490598812955
5.	0,613248516194
6.	0,735898219433
7	0,858547922672

RÉDUCTION des Mètres cubes et des parties du Mètre cube, en Cannes cubes de Montpellier.

	cn.cb.	cn.cn.pn.	cn.cn.mn.
1 mètre cube v[t].	0	1	0,153301423429
2.	0	2	0,306602846859
3.	0	3	0,459904270288
4.	0	4	0,613205693717
5.	0	5	0,766507117147
6.	0	6	0,919808540576
7.	0	7	1,073109964005
8.	1	0	1,226411387435
9.	1	1	1,379712810864
10.	1	2	1,533014234293
1 dix.[e] de mt.cb.	0	0	0,815330142343
2.	0	0	1,630660284686
3.	0	0	2,445990427029
4.	0	0	3,261320569372
5.	0	0	4,076650711715
6.	0	0	4,891980854058
7.	0	0	5,707310996401
8.	0	0	6,522641138743
9.	0	0	7,337971281086
10.	0	1	0,153301423429
1 cent.[e] de mt.cb.	0	0	0,081533014234
2.	0	0	0,163066028469
3.	0	0	0,244599042703
4.	0	0	0,326132056937
5.	0	0	0,407665071171
6.	0	0	0,489198085406
7.	0	0	0,570731099640
8.	0	0	0,652264113874
9.	0	0	0,733797128109
10.	0	0	0,815330142343

	cn.cb.	cn.cn.pn.	cn.cn.mn.
1 mill.e de mt.cb.	0	0	0,008153301423
2.	0	0	0,016306602847
3.	0	0	0,024459904270
4.	0	0	0,032613205[illegible]94
5.	0	0	0,040766507117
6.	0	0	0,048919808541
7.	0	0	0,057073109964
8.	0	0	0,065226411387
9.	0	0	0,073379712811
10.	0	0	0,081533014234

RÉDUCTION des Mètres cubes en Cannes-cannes-menus, Mesure de Montpellier.

	cn.cn.mn.
1 mètre cube vaut. .	8,153301423429
2.	16,306602846859
3.	24,459904270288
4.	32,613205693717
5.	40,766507117147
6.	48,919808540576
7.	57,073109964005
8.	65,226411387435
9.	73,379712810864

SECTION 2.me

DES MESURES AGRAIRES.

N. B. *L'Elément des Mesures Agraires étoit tantôt la Canne de Nismes, tantôt celle de Montpellier : c'est ce que l'on a indiqué par les lettres N ou M, mises entre parenthèses, en tête de chaque table.*

No. 1.

La Séterée contient 405 Cannes carrées (M) ou 80 Dextres de 18 pans de côté, et se divise en 4 Quartes ; la Quarte se subdivise en 20 Dextres *.

	h.ar.	ar.	c.ar.
La Séterée vaut	0	15	99,629
La Quarte . . .	0	03	99,907
Le Dextre. . . .	0	00	19,995

	sét.	quart.	dxt.
L'Hectare vaut	6	1	0,116
L'Are.	0	0	5,001
Le Centiare.	0	0	0,050

* Dans certaines communes, on faisoit quelquefois usage de la *Salmée* qui se composoit de 4 Séterées ou de 320 Dextres, et dont la valeur est 0h.ar. 63ar. 98c.ar.,517. On subdivisoit aussi quelquefois la Quarte en 4 *Boisseaux*. Le Boisseau vaut 0h.ar. 00ar. 99c.ar.,977.

N.º 2.

La Séterée contient 480 Cannes carrées (M) ou 120 Dextres de 16 pans de côté, et se divise en 4 Quartes; la Quarte se subdivise en 30 Dextres *.

	h.ar.	ar.	c.ar.
La Séterée vaut	0	18	95,857
La Quarte. . . .	0	04	73,964
Le Dextre. . . .	0	00	15,799

	sét.	quart.	dxt.
L'Hectare vaut	5	1	2,959
L'Are.	0	0	6,330
Le Centiare.	0	0	0,063

N.º 3.

La Séterée contient 506 Cannes carrées 2 pans ** (M) ou 100 Dextres de 18 pans

* On subdivisoit quelquefois la Quarte en 4 *Boisseaux*. Le Boisseau, qui contient 7 Dextres ½, vaut 0h.ar. 01ar. 18c.ar.,491.

Dans les communes de St-Martin-de-Corconnac, Peyrolles et St-Marcel-de-Fontfouillouse, on disoit *Septier* au lieu de *Séterée*, et la *Quarte* s'appeloit encore *Quartade*.

** C'est-à-dire, 506cn.cr. 2cn.pn.

de côté, et se divise en 4 Quartes; la Quarte se subdivise en 25 Dextres *.

	h.ar.	ar.	c.ar.
La Séterée vaut	0	19	99,537
La Quarte. . . .	0	04	99,884
Le Dextre. . . .	0	00	19,995

	sét.	quart.	dxt.
L'Hectare vaut.	5	0	0,116
L'Are	0	0	5,001
Le Centiare.	0	0	0,050

N.° 4.

Le Septier contient 607 Cannes carrées 4 pans ** (M) ou 120 Dextres de 18 pans de côté, et se divise en 4 Quartes ou *Quartades;* la Quartade se subdivise en 30 Dextres.

	h.ar.	ar.	c.ar.
Le Septier vaut.	0	23	99,444
La Quartade . .	0	05	99,861
Le Dextre. . . .	0	00	19,995

	sept.	quart.	dxt.
L'Hectare vaut	4	0	20,116
L'Are	0	0	5,001
Le Centiare.	0	0	0,050

* Dans certaines communes on faisoit usage de la *Salmée*, qui se composoit de 4 Séterées, et dont la valeur est 0h.ar. 79ar. 98c.ar.,146. On subdivisoit aussi quelquefois la Quarte en 4 *Boisseaux*. Le Boisseau, égal à 6 Dextres $\frac{1}{4}$, vaut 0h.ar. 01ar. 24c.ar.,971.

** C'est-à-dire, 607cn.cr. 4cn.pn.

N.° 5.

La Carteirade contient 677 Cannes carrées 2 pans 6 menus * (M) ou 150 Dextres de 17 pans de côté, et se divise en 4 Quartons; le Quarton se subdivise en 37 Dextres ½.

	h.ar.	ar.	c.ar.
La Carteirade v. . .	0	26	75,306
Le Quarton. . . .	0	06	68,826
Le Dextre.	0	00	17,835

	cart.	quart.	dxt.
L'Hectare vaut	3	2	35,684
L'Are	0	0	5,607
Le Centiare	0	0	0,056

N.° 6.

La Carteirade ** contient 759 Cannes carrées 3 pans *** (M) ou 150 Dextres de 18 pans de côté, et se divise en 4 Quartons; le Quarton se subdivise en 37 Dextres ½.

---

* C'est-à-dire, 677cn.cr. 2cn.pn. 6cn.mn.

** A Rogues et à Montdardier, on disoit *Sétérée* au lieu de *Carteirade*, et *Quarte* au lieu de *Quarton*. Dans ces communes, on subdivisoit quelquefois la Quarte en 4 *Boisseaux*. Le Boisseau, égal à 9 Dextres ⅜, vant 0h.ar. 01ar. 87c.ar.,457.

*** C'est-à-dire, 759cn.cr. 3cn.pn.

	h.ar.	ar.	c.ar.
La Carteirade vt.	0	29	99,305
Le Quarton. . .	0	07	49,826
Le Dextre. . . .	0	00	19,995

	cart.	quart.	dxt.
L'Hectare vaut	3	1	12,616
L'Are.	0	0	5,001
Le Centiare.	0	0	0,050

N.° 7.

La Séterée contient 960 Cannes carrées (M) ou 240 Dextres de 16 pans de côté, et se divise en 8 Quartes ou *Quartades* *; la Quarte se subdivise en 30 Dextres.

	h.ar.	ar.	c.ar.
La Séterée vaut	0	37	91,713
La Quarte	0	04	73,964
Le Dextre. . . .	0	00	15,799

	sét.	quart.	dxt.
L'Hectare vaut	2	5	2,959
L'Are	0	0	6,330
Le Centiare.	0	0	0,063

* On subdivisoit quelquefois la Quarte ou Quartade en 4 *Boisseaux*. Le Boisseau, égal à 7 Dextres ½, vaut 0h.ar. 01ar. 18c.ar.,491.

N.° 8.

La Salmée contient 1250 Cannes carrées, Mesure d'Arles * ou 200 Dextres de 20 pans de côté, et se divise en 2 *Grandes Séterées* dites *Mesure de Compoids*; la Grande Séterée se subdivise en 3 Emines; l'Emine en 33 Dextres $\frac{1}{3}$.

La Salmée se divise encore en 3 *Petites Séterées* dites *Mesure de Semence*; la Petite Séterée se subdivise en 2 Emines; l'Emine en 33 Dextres $\frac{1}{3}$.

	h.ar.	ar.	c.ar.
La Salmée vaut.	0	52	21,303
La Grande Séterée. . .	0	26	10,652
La Petite Séterée. . .	0	17	40,434
L'Emine	0	08	70,217
Le Dextre	0	00	26,107

	salm.	gr.sét.	ém.	dxt.
L'Hectare vaut . .	1	1	2	16,379
	salm.	pet.sét.	ém.	dxt.
	1	2	1	16,379
L'Are.	0	0	0	3,830
Le Centiare	0	0	0	0,038

* La Canne d'Arles avoit 75 pouces 6 lignes de longueur.

N.° 9.

La Salmée contient 1518 Cannes carrées 6 pans * (N) ou 300 Dextres de 18 pans de côté, et se divise en 12 Emines; l'Emine se subdivise en 25 Dextres.

	h.ar.	ar.	c.ar.
La Salmée vaut	0	59	30,714
L'Emine.	0	04	94,226
Le Dextre.	0	00	19,769

	salm.	ém.	dxt.
L'Hectare vaut	1	8	5,841
L'Are	0	0	5,058
Le Centiare.	0	0	0,051

N.° 10.

La Salmée contient 1518 Cannes carrées 6 pans * (M) ou 300 Dextres de 18 pans de côté, et se divise en 12 Emines; l'Emine se subdivise en 25 Dextres.

	h.ar.	ar.	c.ar.
La Salmée vaut	0	59	98,610
L'Emine.	0	04	99,884
Le Dextre. . . .	0	00	19,995

	salm.	ém.	dxt.
L'Hectare vaut	1	8	0,116
L'Are.	0	0	5,001
Le Centiare.	0	0	0,050

* C'est-à-dire, 1518 cn.cr. 6 cn.pn.

N.° 11.

La SALMÉE contient 1518 Cannes carrées 6 pans * (M) ou 1200 ARPENTS de 9 pans de côté, et se divise en 10 Emines; l'Emine se subdivise en 6 *Civadiers.*

	h.ar.	ar.	c.ar.
La Salmée vaut	0	59	98,610
L'Emine.	0	05	99,861
Le Civadier. . .	0	00	99,977

	salm.	ém.	civ.
L'Hectare vaut	1	6	4,0232
L'Are	0	0	1,0002
Le Centiare.	0	0	0,0100

N.° 12.

La SALMÉE contient 1518 Cannes carrées 6 pans *(M), et se divise en 10 Emines; l'Emine se subdivise en 5 *Civadiers.*

	har.	ar.	c.ar.
La Salmée vaut	0	59	98,610
L'Emine.	0	05	99,861
Le Civadier. . .	0	01	19,972

	salm.	ém.	civ.
L'Hectare vaut	1	6	3,3526
L'Are	0	0	0,8335
Le Centiare.	0	0	0,0083

* C'est-à-dire, 1518cn.cr, 6cn.pn.

N.° 13.

La Salmée contient 1600 Toises carrées ; et se divise en 8 Emines ; l'Emine se subdivise en 8 Boisseaux; le Boisseau en 4 *Leydières*.

	h.ar.	ar.	c.ar.
La Salmée vaut.	0	60	77,990
L'Emine.	0	07	59,749
Le Boisseau. . .	0	00	94,969
La Leydière . .	0	00	23,742

	salm.	ém.	bois.	ley.
L'Hectare vaut. .	1	5	1	1,192
L'Are.	0	0	1	0,212
Le Centiare . . .	0	0	0	0,042

N.° 14.

La Salmée contient 1600 Cannes carrées (N) ou 400 Dextres de 16 pans de côté, et se divise en 12 Emines; l'Emine se subdivise en 33 Dextres $\frac{1}{3}$.

	h.ar.	ar.	c.ar.
La Salmée vaut.	0	62	47,995
L'Emine.	0	05	20,666
Le Dextre. . . .	0	00	15,620

	salm.	ém.	dxt.
L'Hectare vaut	1	7	6,872
L'Are.	0	0	6,402
Le Centiare.	0	0	0,064

N.º 15.

La Salmée contient 1584 Cannes carrées 7 pans 7 menus * (M) ou 624 Dextres de 12 pans ½ de côté; et se divise en 8 Emines; l'Emine se subdivise en 10 *Picotins*.

	h.ar.	ar.	c.ar.
La Salmée vaut.	0	62	60,216
L'Emine.	0	07	82,527
Le Picotin. . . .	0	00	78,253

	salm.	ém.	pic.
L'Hectare vaut	1	4	7,7911
L'Are	0	0	1,2779
Le Centiare.	0	0	0,0128

N.º 16.

La Salmée contient 1600 Cannes carrées (M), et se divise en 10 Emines; l'Emine se subdivise en 10 *Vestisons*.

	h.ar.	ar.	c.ar.
La Salmée vaut.	0	63	19,523
L'Emine.	0	06	31,952
Le Vestison. . .	0	00	63,195

	salm.	ém.	vest.
L'Hectare vaut	1	5	8,2398
L'Are	0	0	1,5824
Le Centiare	0	0	0,0158

---

* C'est-à-dire, 1584 cn.cr. 7 cn.pn. 7 cn.mn.

N.° 17.

La Salmée contient 1600 Cannes carrées (M) ou 400 Dextres de 16 pans de côté, et se divise en 10 Emines; l'Emine se subdivise en 8 Boisseaux; le Boisseau en 5 Dextres.

	h.ar.	ar.	c.ar.
La Salmée vaut.	0	63	19,523
L'Emine.	0	06	31,952
Le Boisseau. . .	0	00	78,994
Le Dextre. . . .	0	00	15,799

	salm.	ém.	bois.	dxt.
L'Hectare vaut. .	1	5	6	2,959
L'Are.	0	0	1	1,330
Le Centiare . . .	0	0	0	0,063

N.° 18.

La Salmée contient 1600 Cannes carrées (M), et se divise en 8 Emines; l'Emine se subdivise en 8 Boisseaux ou *Pougnadières*; le Boisseau en 4 *Leydières*.

	h.ar.	ar.	c.ar.
La Salmée vaut.	0	63	19,523
L'Emine.	0	07	89,940
Le Boisseau. . .	0	00	98,743
La Leydière. . .	0	00	24,686

	salm.	ém.	bois.	ley.
L'Hectare vaut. .	1	4	5	1,094
L'Are.	0	0	1	0,051
Le Centiare. . .	0	0	0	0,041

N.°

N.° 19.

La Salmée contient 1600 Cannes carrées (M) ou 400 Dextres de 16 pans de côté, et se divise en 4 Séterées *; la Séterée se subdivise en 4 Quartes; la Quarte en 25 Dextres.

	h.ar.	ar.	c.ar.
La Salmée vaut.	0	63	19,523
La Séterée . . .	0	15	79,881
La Quarte. . . .	0	03	94,970
Le Dextre. . . .	0	00	15,799

	salm.	sét.	quart.	dxt.
L'Hectare vaut. .	1	2	1	7,959
L'Are	0	0	0	6,330
Le Centiare . . .	0	0	0	0,063

N°. 20.

La Salmée contient 1600 Cannes carrées (M), et se divise en 4 Séterées; la Séterée se subdivise en 4 Quartes; la Quarte en 4 Boisseaux.

* Dans les communes de Genolhac, Meirannes et Domessargues, on disoit *Sétier* au lieu de *Séterée*.

	h.ar.	ar.	c.ar.
La Salmée vaut.	o	63	19,523
La Séterée	o	15	79,881
La Quarte.	o	03	94,970
Le Boisseau. . . .	o	00	98,743

	salm.	sét.	quart.	bois.
L'Hectare vaut .	1	2	1	1,2735
L'Are	o	o	o	1,0127
Le Centiare. .	o	o	o	0,0101

N° 21.

La SALMÉE contient 1620 Cannes carrées (N.° 26) ou 320 DEXTRES de 18 pans de côté, et se divise en 8 Émines; l'Emine se subdivise en 6 Boisseaux; le Boisseau en 6 Dextres $\frac{2}{3}$.

	h.ar.	ar.	c.ar.
La Salmée vaut.	o	63	26,095
L'Emine.	o	07	90,762
Le Boisseau. . .	o	01	31,794
Le Dextre. . . .	o	00	19,769

	salm.	ém.	bois.	dxt.
L'Hectare vaut. .	1	4	3	5,841
L'Are.	o	o	o	5,058
Le Centiare	o	o	o	0,051

N°. 22.

La Salmée contient 1712 Cannes carrées (N); et se divise en 8 Emines; l'Emine se subdivise en 8 *Civadiers* ou *Pougnadières.*

	h.ar.	ar.	c.ar.
La Salmée vaut.	0	66	85,355
L'Emine. . . .	0	08	35,669
Le Civadier. . .	0	01	04,459

	salm.	ém.	civ.
L'Hectare vaut	1	3	7,7316
L'Are	0	0	0,9573
Le Centiare.	0	0	0,0096

N.° 23.

La Salmée contient 1715 Cannes carrées 2 pans 0 menu $\frac{4071}{5329}$ * (N) ou 375 Dextres de 17 pans 1 pouce de côté, et se divise en 12 Emines; l'Emine se subdivise en 6 Boisseaux; le Boisseau en 5 Dextres $\frac{5}{24}$.

	h.ar.	ar.	c.ar.
La Salmée vaut.	0	66	98,693
L'Emine. . . .	0	05	58,174
Le Boisseau. .	0	00	93,029
Le Dextre . . .	0	00	17,862

	salm.	ém.	bois.	dxt.
L'Hectare vaut . . .	1	5	5	2,569
L'Are.	0	0	1	0,390
Le Centiare. . . .	0	0	0	0,056

* C'est-à-dire, 1715ca.ct. 2ca.pt. 0ca.mn. $\frac{4071}{5329}$.

N.° 24.

La SALMÉE contient 1715 Cannes carrées 4 pans 4 menus $\frac{8}{17}$ * (N) ou 375 DEXTRES de 17 pans $\frac{1}{9}$ de côté, et se divise en 12 Emines; l'Emine se subdivise en 31 Dextres $\frac{1}{4}$.

	h.ar.	ar.	c.ar.
La Salmée vaut.	0	66	99,285
L'Emine.	0	05	58,274
Le Dextre.	0	00	17,865

	salm.	ém.	dxt.
L'Hectare vaut	1	5	28,511
L'Are.	0	0	5,598
Le Centiare.	0	0	0,056

N.° 25.

La SALMÉE contient 1715 Cannes carrées 4 pans 4 menus $\frac{8}{17}$ * (N) ou 375 DEXTRES de 17 pans $\frac{1}{9}$ de côté, et se divise en 12 Emines; l'Emine se subdivise en 6 *Civadiers*; le Civadier en 5 Dextres $\frac{5}{24}$.

	h.ar.	ar.	c.ar.
La Salmée vaut.	0	66	99,285
L'Emine.	0	05	58,274
Le Civadier. . .	0	00	93,046
Le Dextre. . . .	0	00	17,865

	salm.	ém.	civ.	dxt.
L'Hectare vaut.	1	5	5	2,470
L'Are.	0	0	1	0,389
Le Centiare . . .	0	0	0	0,056

---

* C'est-à-dire, 1715 cn.cr. 4 cn.pn. 4 cn.mn. $\frac{8}{17}$.

N.º 26.

La Salmée contient 1710 Cannes carrées 1 pan 2 menus $\frac{25}{36}$ * (M) ou 1600 Arpents de 8 pans $\frac{1}{4}$ et $\frac{1}{48}$ de pan ** de côté, et se divise en 8 Emines; l'Emine se subdivise en 8 *Civadiers* ou *Pougnadières.*

	h.ar.	ar.	c.ar.
La Salmée vaut	0	67	54,650
L'Emine.	0	08	44,331
Le Civadier. . . .	0	01	05,541

	salm.	ém.	civ.
L'Hectare vaut	1	3	6,7495
L'Are	0	0	0,9475
Le Centiare.	0	0	0,0095

N.º 27.

La Salmée contient 1712 Cannes carrées (M), et se divise en 8 Emines; l'Emine se subdivise en 10 *Picotins.*

	h.ar.	ar.	c.ar.
La Salmée vaut.	0	67	61,890
L'Emine.	0	08	45,236
Le Picotin. . . .	0	00	84,524

	salm.	ém.	pic.
L'Hectare vaut	1	3	8,3101
L'Are	0	0	1,1831
Le Centiare.	0	0	0,0118

* C'est-à-dire, 1710cn.cr. 1cn.pn. 2cn.mn. $\frac{25}{36}$.

** C'est-à-dire, 8pn. $\frac{13}{48}$.

N.° 28.

La Salmée contient 1711 Cannes carrées 7 pans 1 menu * (M) ou 1600 Arpents de 8 pans $\frac{1}{4}$ et $\frac{1}{40}$ de pan ** de côté, et se divise en 8 Emines; l'Emine se subdivise en 8 *Civadiers.*

	h.ar.	ar.	c.ar.
La Salmée vaut.	0	67	61,458
L'Emine.	0	08	45,182
Le Civadier . . .	0	01	05,648

	salm.	ém.	civ.
L'Hectare vaut	1	3	6,6541
L'Are	0	0	0,9465
Le Centiare.	0	0	0,0095

N.° 29.

La Salmée contient 1712 Cannes carrées (M) dans le quartier appelé le *Plan*, et 1890 dans le quartier appelé le *Grès*, et se divise en 8 Emines; l'Emine se subdivise en 8 *Civadiers* ou *Pougnadières.*

---

* C'est-à-dire, 1711 cn.cr. 7 cn.pn. 1 cn.mn.

** C'est-à-dire, 8 pn. $\frac{11}{40}$.

		h.ar.	ar.	c.ar.
La Salmée vaut.	au *Plan*	0	67	61,890
	au *Grès*	0	74	64,937
L'Emine	au *Plan*	0	08	45,236
	au *Grès*	0	09	33,117
Le Civadier, . . .	au *Plan*	0	01	65,654
	au *Grès*	0	01	16,640

		salm.	ém.	civ.
L'Hectare vt.	en Mesure du *Plan*	1	3	6,6481
	en Mesure du *Grès*	1	2	5,7342
L'Are . . .	en Mesure du *Plan*	0	0	0,9465
	en Mesure du *Grès*	0	0	0,8573
Le Centiare .	en Mesure du *Plan*	0	0	0,0095
	en Mesure du *Grès*	0	0	0,0086

N.° 30.

La SALMÉE contient 1733 Cannes carrées $\frac{1}{8}$ et $\frac{1}{32}$ * (M), et se divise en 8 Emines; l'Emine se subdivise en 20 *Cosses*.

	h.ar.	ar.	c.ar.
La Salmée vaut.	0	68	45,451
L'Emine.	0	08	55,681
Le Cosse	0	06	42,784

	salm.	ém.	cos.
L'Hectare vaut	1	3	13,732
L'Are	0	0	2,337
Le Centiare.	0	0	0,023

* C'est-à-dire, 1733cn.cr. $\frac{5}{32}$ ou 1733cn.cr. 1cn.pn. 2cn.mn.

N.° 31.

La Salmée contient 1822 Cannes carrées 4 pans.* (N) ou 360 Dextres de 18 pans de côté, et se divise en 12 Emines; l'Emine se subdivise en 6 Boisseaux ou *Civadiers*; le Boisseau ou Civadier en 5 Dextres.

	h.ar.	ar.	c.ar.
La Salmée vaut.	0	71	16,857
L'Emine.	0	05	93,071
Le Boisseau. . .	0	00	98,845
Le Dextre. . . .	0	00	19,769

	salm.	ém.	bois.	dxt.
L'Hectare vaut. .	1	4	5	0,841
L'Are.	0	0	1	0,058
Le Centiare. . . .	0	0	0	0,051

N.° 32.

La Salmée contient 1822 Cannes carrées 4 pans * (M) ou 360 Dextres de 18 pans de côté, et se divise en 12 Emines; l'Emine se subdivise en 30 Dextres.

	h.ar.	ar.	c.ar.
La Salmée vaut.	0	71	98,332
L'Emine.	0	05	99,861
Le Dextre. . . .	0	00	19,995

	salm.	ém.	dxt.
L'Hectare vaut	1	4	20,116
L'Are.	0	0	5,001
Le Centiare.	0	0	0,050

* C'est-à-dire, 1822cn.cr. 4cn.pn.

N.° 33.

La Salmée contient 1898 Cannes carrées 3 pans 4 menus * (N) ou 375 Dextres de 18 pans de côté, et se divise en 12 Emines; l'Emine se subdivise en 6 Boisseaux; le Boisseau en 5 Dextres $\frac{5}{14}$.

	h.ar.	ar.	c.ar.
La Salmée vaut.	0	74	13,393
L'Emine.	0	06	17,783
Le Boisseau. . .	0	01	02,964
Le Dextre . . .	0	00	19,769

	salm.	ém.	bois.	dxt.
L'Hectare vaut. .	1	4	1	0,633
L'Are.	0	0	0	5,058
Le Centiare . . .	0	0	0	0,051

N.° 34.

La Salmée contient 2000 Cannes carrées (M) ou 500 Arpents de 16 pans de côté, et se divise en 10 Emines; l'Emine se subdivise en 8 Boisseaux.

	h.ar.	ar.	c.ar.
La Salmée vaut.	0	78	99,404
L'Emine.	0	07	89,940
Le Boisseau. . .	0	00	98,743

	salm.	ém.	bois.
L'Hectare vaut	1	2	5,2735
L'Are.	0	0	1,0127
Le Centiare.	0	0	0,0101

* C'est-à-dire, 1898cn.cr. 3cn.pn. 4cn.mn.

N.° 35.

La Salmée contient 2025 Cannes carrées (N) ou 400 Dextres de 18 pans de côté, et se divise en 4 Séterées; la Séterée se subdivise en 2 Emines; l'Emine en 50 Dextres.

	h.ar.	ar.	c.ar.
La Salmée vaut.	0	79	07,619
La Séterée	0	19	76,905
L'Emine.	0	09	88,452
Le Dextre. . . .	0	00	19,769

	salm.	sét.	ém.	dxt.
L'Hectare vaut. .	1	1	0	5,841
L'Are.	0	0	0	5,058
Le Centiare . . .	0	0	0	0,051

N°. 36.

La Salmée contient 2025 Cannes carrées (M) ou 1600 Arpents de 9 pans de côté, et se divise en 10 Emines; l'Emine se subdivise en 10 *Vestisons.*

	h.ar.	ar.	c.ar.
La Salmée vaut.	0	79	98,146
L'Emine.	0	07	99,815
Le Vestison. . .	0	00	79,981

	salm.	ém.	vest.
L'Hectare vaut	1	2	5,0290
L'Are.	0	0	1,2503
Le Centiare.	0	0	0,0125

N.° 37.

La SALMÉE contient 2025 Cannes carrées (M) ou 400 DEXTRES de 18 pans de côté et se divise en 8 Emines; l'Emine se subdivise en 2 Quartes; la Quarte en 25 Dextres.

	h.ar.	ar.	c.ar.
La Salmée vaut.	0	79	98,146
L'Emine.	0	09	99,768
La Quarte.	0	04	99,884
Le Dextre.	0	00	19,995

	salm.	ém.	quar.	dxt.
L'Hectare vaut. .	1	2	0	0,116
L'Are	0	0	0	5,001
Le Centiare	0	0	0	0,050

N.° 38.

La SALMÉE contient 2025 Cannes carrées (M) ou 1600 ARPENTS de 9 pans de côté, et se divise en 4 Séterées; la Séterée se subdivise en 4 Quartes; la Quarte en 4 Boisseaux.

	h.ar.	ar.	c.ar.
La Salmée vaut.	0	79	98,146
La Séterée	0	19	99,537
La Quarte	0	04	99,884
Le Boisseau. . . .	0	01	24,971

	salm.	sét.	quar.	bois.
L'Hectare vaut. .	1	1	0	0,0185
L'Are.	0	0	0	0,8002
Le Centiare	0	0	0	0,0080

N.° 39.

La SALMÉE contient 2531 Cannes carrées 2 pans * (M) ou 500 DEXTRES de 18 pans de côté, et se divise en 10 Émines; l'Emine se subdivise en 10 Boisseaux; le Boisseau en 5 Dextres.

	h.ar.	ar.	c.ar.
La Salmée vaut.	0	99	97,683
L'Emine.	0	09	99,768
Le Boisseau. . .	0	00	99,977
Le Dextre. . . .	0	00	19,995

	salm.	ém.	bois.	dxt.
L'Hectare vaut. .	1	0	0	0,116
L'Are.	0	0	1	0,001
Le Centiare . . .	0	0	0	0,050

APPENDICE A LA 2.e SECTION.

L'UNITÉ des Mesures agraires, que l'on employoit autrefois dans certaines Provinces, étoit connue sous le nom d'*Arpent*, et se composoit généralement de 100 Perches carrées; mais la Perche n'avoit pas partout la même longueur : elle varioit depuis 18 pieds jusqu'à 28; néanmoins, elle étoit plus

*C'est-à-dire, 2531cn.cr. 2cn.pn.

communément de 18 ou de 22 pieds. Les travaux du Roi s'exécutoient toujours avec une perche de 22 pieds, qu'on avoit également adoptée dans les Eaux et Forêts.

On a souvent besoin de comparer l'Arpent soit avec les mesures métriques, soit avec les anciennes mesures locales du Département; c'est ce qui nous détermine à ajouter ici les deux tables suivantes :

1. Perche linéaire de 18 Pieds.

	h.ar.	ar.	c.ar.
L'Arpent vaut	0	34	18,869
La Perche carrée . . .	0	00	34,189

	arp.	per.
L'Hectare vaut. . . .	2	92,4944
L'Are	0	2,9249
Le Centiare.	0	0,0292

2. Perche linéaire de 22 Pieds.

	h.ar.	ar.	c.ar.
L'Arpent vaut	0	51	07,200
La Perche carrée. .	0	00	51,072

	arp.	per.
L'Hectare vaut. . . .	1	95,8020
L'Are	0	1,9580
Le Centiare	0	0,0196

Une quantité étant exprimée en arpents, on peut la convertir, à l'aide des tables ci-dessus, ou des précédentes, soit en mesures métriques, soit en mesures locales d'une commune proposée, et réciproquement.

EXEMPLES.

1. *Combien valent en hectares 236 arpents 45 perches des Eaux et Forêts?*

Les perches étant des centièmes d'arpent, la quantité proposée peut s'écrire ainsi $236^{arp.},45$: on multipliera donc $0^{h.ar.}.51^{ar.}07^{c.ar.},200$, ou mieux $0^{h.ar.},51072$, valeur de l'arpent, par 236,45, et l'on trouvera, en négligeant les dernières décimales du produit, $120^{h.ar.},7597$; c'est-à-dire, 120 hectares 75 ares 97 centiares, ce qui est la valeur demandée.

2. *Quelle est la valeur de 65 hectares 42 ares 80 centiares, ou $65^{h.ar.},428$, en arpents des Eaux et Forêts?*

En multipliant $1^{arp.}\ 95^{per.},8020$, ou $1^{arp.},95802$, valeur de l'hectare, par 65,428, et en négligeant les dernières décimales du produit, on trouve, pour la valeur de la quantité proposée, $128^{arp.},1093$ ou $128^{arp.}\ 10^{per.},93$.

3. *On propose de convertir* 384 *arpents* 76 *perches, ou* 384$^{arp.}$,76 (*Eaux et Forêts*), *en sétérées*, Mesure du Vigan?

De tous les procédés que l'on peut employer pour réduire la quantité ci-dessus en sétérées, le plus aisé consiste à la faire passer préalablement à l'expression qu'elle doit avoir en hectares, et de celle-ci à l'expression demandée. On multipliera donc 0$^{h.ar.}$,51072 par 384,76, et on divisera le produit 196$^{h.ar.}$,5046272, par la valeur de la sétérée, c'est-à-dire, par 0$^{h.ar.}$,1895857. Le dividende et le diviseur contenant un pareil nombre de décimales, on supprimera la virgule de part et d'autre (1), et divisant 1965046272 par 1895857, on trouvera pour quotient, ou pour la valeur cherchée, 1036$^{sét.}$ 1$^{quar.}$ 29$^{dxt.}$,4.

4. *Combien valent* 456 *sétérées* 3 *quartes* 18

(1) Lorsque le nombre des décimales est différent dans les deux termes de la division, il faut le rendre pareil, soit en ajoutant un ou plusieurs zéros à celui qui en contient le moins, soit en supprimant une ou plusieurs décimales dans celui qui en contient le plus. Néanmoins, on ne doit guères prendre ce dernier parti que dans le cas où la suppression doit se faire dans le dividende, et sur des décimales éloignées; par exemple, la huitième et celles qui la suivent à droite.

dextres, Mesure du Vigan, *en arpents des Eaux et Forêts* ?

On réduira préalablement la quantité proposée, en hectares, par les procédés que nous avons déjà enseignés, et on la trouvera égale à 86$^{h.ar.}$,621724; multipliant ensuite 1$^{arp.}$,95802, valeur de l'hectare, par 86,621724, et négligeant les dernières décimales du produit, on trouvera enfin que la quantité proposée répond à 169$^{arp.}$,6071 ou 169$^{arp.}$ 60$^{per.}$,71.

SECTION 3.me

DES MESURES DE CAPACITÉ

POUR LES GRAINS.

N.° 1.

Le SEPTIER se divise en 4 Quartes; la Quarte se subdivise en 4 Boisseaux.

	h.l.	dc.l.	l.
Le Septier vaut.	o	4	8,92
La Quarte. . . .	o	1	2,23
Le Boisseau. . .	o	o	3,06

	sept.	quart.	bois.
L'Hectolitre vaut	2	o	0,71
Le Décalitre.	o	o	3,27
Le Litre.	o	o	0,33

N.° 2.

Le SEPTIER se divise en 4 Quartes; la Quarte se subdivise en 4 Boisseaux.

	h.l.	dc.l.	l.
Le Septier vaut.	o	5	5,86
La Quarte. . . .	o	1	3,96
Le Boisseau. . .	o	o	3,49

	sept.	quart.	bois.
L'Hectolitre vaut	1	3	0,64
Le Décalitre.	o	o	2,86
Le Litre.	o	o	0,29

N.° 3.

Le Septier se divise en 4 Quartes; la Quarte se subdivise en 4 Boisseaux.

	h.l.	dc.l.	l.
Le Septier vaut.	0	5	8,89
La Quarte. . . .	0	1	4,72
Le Boisseau. . .	0	0	3,68

	sept.	quart.	bois.
L'Hectolitre vaut	1	2	3,17
Le Décalitre.	0	0	2,72
Le Litre.	0	0	0,27

N.° 4.

Le Septier se divise en 4 Quartes; la Quarte se subdivise en 4 Boisseaux.

	h.l.	dc.l.	l.
Le Septier vaut.	0	5	9,47
La Quarte. . . .	0	1	4,87
Le Boisseau. . .	0	0	3,72

	sept.	quart.	bois.
L'Hectolitre vaut	1	2	2,90
Le Décalitre	0	0	2,69
Le Litre.	0	0	0,27

N.° 5.

Le SEPTIER se divise en 4 Quartes; la Quarte se subdivise en 4 Boisseaux.

	h.l.	dc.l.	l.
Le Septier vaut.	0	6	0,00
La Quarte. . . .	0	1	5,00
Le Boisseau. . .	0	0	3,75

	sept.	quart.	bois.
L'Hectolitre vaut	1	2	2,67
Le Décalitre.	0	0	2,67
Le Litre.	0	0	0,27

N.° 6.

Le SEPTIER se divise en 4 Quartes; la Quarte se subdivise en 4 Boisseaux.

	h.l.	dc.l.	l.
Le Septier vaut.	0	6	4
La Quarte. . . .	0	1	6
Le Boisseau. . .	0	0	4

	sept.	quart.	bois.
L'Hectolitre vaut	1	2	1,00
Le Décalitre.	0	0	2,50
Le Litre.	0	0	0,25

N.° 7.

Le Septier se divise en 4 Quartes; la Quarte se subdivise en 4 Boisseaux.

	h.l.	dc.l.	l.
Le Septier vaut.	0	7	0,99
La Quarte. . . .	0	1	7,75
Le Boisseau. . .	0	0	4,44

	sept.	quart.	bois.
L'Hectolitre vaut	1	1	2,54
Le Décalitre	0	0	2,25
Le Litre.	0	0	0,23

N°. 8.

Le Septier se divise en 4 Quartes; la Quarte se subdivise en 4 Boisseaux.

	h.l.	dc.l.	l.
Le Septier vaut.	0	7	7,17
La Quarte. . . .	0	1	9,29
Le Boisseau. . .	0	0	4,82

	sept.	quart.	bois.
L'Hectolitre vaut	1	1	0,73
Le Décalitre.	0	0	2,07
Le Litre.	0	0	0,21

N.° 9.

Le SEPTIER se divise en 8 Quartes; la Quarte se subdivise en 4 Boisseaux.

	h.l.	dc.l.	l.
Le Septier vaut.	1	1	9,07
La Quarte. . . .	0	1	4,88
Le Boisseau. . .	0	0	3,72

	sept.	quart.	bois.
L'Hectolitre vaut. . . .	0	6	2,88
Le Décalitre	0	0	2,69
Le Litre.	0	0	0,27

N.° 10.

La SALMÉE se divise en 8 Emines; l'Emine se subdivise en 8 *Civadiers* ou *Pougnadières*.

	h.l.	d.cl.	l.
La Salmée vaut.	1	7	6,95
L'Emine.	0	2	2,12
Le Civadier. . .	0	0	2,76

	salm.	ém.	civ.
L'Hectolitre vaut. . . .	0	4	4,17
Le Décalitre	0	0	3,62
Le Litre.	0	0	0,36

N.° 11.

La Salmée se divise en 8 Emines ; l'Emine se subdivise en 10 *Picotins.*

	h.l.	dc.l.	l.
La Salmée vaut.	1	7	8,16
L'Emine.	0	2	2,27
Le Picotin. . . .	0	0	2,23

	salm.	ém.	pic.
L'Hectolitre vaut. . . .	0	4	4,90
Le Décalitre	0	0	4,49
Le Litre.	0	0	0,45

N.° 12.

La Salmée se divise en 3 Septiers ; le Septier se subdivise en 2 Emines ; l'Emine en 20 *Picotins.*

	h.l.	dc.l.	l.
La Salmée vaut.	1	7	8,37
Le Septier.	0	5	9,46
L'Emine.	0	2	9,73
Le Picotin. . . .	0	0	1,49

	salm.	sept.	ém.	pic.
L'Hectolitre vaut.	0	1	1	7,28
Le Décalitre . . .	0	0	0	6,73
Le Litre	0	0	0	0,67

N.° 13.

La Salmée se divise en 8 Emines; l'Emine se subdivise en 8 *Pougnadières* ; la Pougnadière en 4 *Leydières.*

	h.l.	dc.l.	l.
La Salmée vaut.	1	8	0,98
L'Emine.	0	2	2,62
La Pougnadière.	0	0	2,83
La Leydière. . .	0	0	0,71

	salm.	ém.	poug.	ley.
L'Hectolitre vaut.	0	4	3	1,46
Le Décalitre . . .	0	0	3	2,15
Le Litre.	0	0	0	1,41

N.° 14.

La Salmée ou le Septier se divise en 8 Quartes ; la Quarte se subdivise en 6 Boisseaux.

	h.l.	dc.l.	l.
La Salmée vaut	1	8	6,67
La Quarte. . . .	0	2	3,33
Le Boisseau. . .	0	0	3,89

	salm.	quart.	bois.
L'Hectolitre vaut	0	4	1,71
Le Décalitre.	0	0	2,57
Le Litre.	0	0	0,26

N.° 15.

La Salmée se divise en 8 Emines ; l'Emine se subdivise en 8 Boisseaux ; le Boisseau en 4 *Leydières*.

	h.l.	dc.l.	l.
La Salmée vaut.	1	9	2,03
L'Emine.	0	2	4,00
Le Boisseau. . .	0	0	3,00
La Leydière. . .	0	0	0,75

	salm.	ém.	bois.	ley.
L'Hectolitre vaut.	0	4	1	1,32
Le Décalitre . . .	0	0	3	1,33
Le Litre.	0	0	0	1,33

N.° 16.

La Salmée se divise en 8 Emines; l'Emine se subdivise en 8 Boisseaux ; le Boisseau en 4 *Leydières*.

	h.l.	dc.l.	l.
La Salmée vaut	1	9	3,63
L'Emine.	0	2	4,20
Le Boisseau. . .	0	0	3,03
La Leydière. . .	0	0	0,76

	salm.	ém.	bois.	ley.
L'Hectolitre vaut.	0	4	1	0,21
Le Décalitre . . .	0	0	3	1,22
Le Litre	0	0	0	1,32

N.° 17.

La Salmée se divise en 8 Emines; l'Emine se subdivise en 2 Quartes; la Quarte en 3 Boisseaux ou *Douzaines*.

	h.l.	dc.l.	l.
La Salmée vaut	1	9	9,21
L'Emine.	0	2	4,90
La Quarte. . . .	0	1	2,45
Le Boisseau. . .	0	0	4,15

	salm.	ém.	quart.	bois.
L'Hectolitre vaut. .	0	4	0	0,10
Le Décalitre . . .	0	0	0	2,41
Le Litre.	0	0	0	0,24

N.° 18.

La Salmée se divise en 8 Emines; l'Emine se subdivise en 2 Quartes; la Quarte en 3 Boisseaux.

	h.l.	dc.l.	l.
La Salmée vaut	1	9	9,74
L'Emine.	0	2	4,97
La Quarte. . . .	0	1	2,48
Le Boisseau. . .	0	0	4,16

	salm.	ém.	quart.	bois.
L'Hectolitre vaut.	0	4	0	0,03
Le Décalitre . . .	0	0	0	2,40
Le Litre.	0	0	0	0,24

N.° 19.

La Salmée se divise en 12 Emines; l'Emine se subdivise en 4 Boisseaux.

	h.l.	dc.l.	l.
La Salmée vaut	1	9	9,87
L'Emine.	0	1	6,66
Le Boisseau. . .	0	0	4,16

	salm.	ém.	bois.
L'Hectolitre vaut	0	6	0,02
Le Décalitre.	0	0	2,40
Le Litre.	0	0	0,24

N.° 20.

La Salmée se divise en 10 Emines; l'Emine se subdivise en 10 *Vestisons*.

	h.l.	dc.l.	l.
La Salmée vaut.	2	0	3,71
L'Emine.	0	2	0,37
Le Vestison. . .	0	0	2,04

	salm.	ém.	vest.
L'Hectolitre vaut. . . .	0	4	9,09
Le Décalitre	0	0	4,91
Le Litre.	0	0	0,49

N.° 21.

La Salmée se divise en 4 Septiers ; le Septier se subdivise en 2 Emines ; l'Emine en 2 Quartes ; la Quarte en 4 Boisseaux.

	h.l.	d.cl.	l.
La Salmée vaut	2	0	5,909
Le Septier. . . .	0	5	1,477
L'Emine.	0	2	5,739
La Quarte. . . .	0	1	2,869
Le Boisseau. . .	0	0	3,217

	salm.	sept.	ém.	quart.	bois.
L'Hectolitre vaut.	0	1	1	1	3,082
Le Décalitre. . .	0	0	0	0	3,108
Le Litre	0	0	0	0	0,311

N.° 22.

La Salmée se divise en 8 Emines ; l'Emine se subdivise en 20 *Cosses*.

	h.l.	dc.l.	l.
La Salmée vaut.	2	0	8,30
L'Emine.	0	2	6,04
Le Cosse	0	0	1,30

	salm.	ém.	cos.
L'Hectolitre vaut	0	3	16,81
Le Décalitre	0	0	7,68
Le Litre.	0	0	0,77

N.° 23.

La Salmée se divise en 4 Septiers ou Sétcrées ; le Septier se subdivise en 2 Emines ; l'Emine en 2 Quartes ; la Quarte en 3 Boisseaux ou *Douzaines*.

	h.l.	dc.l.	l.
La Salmée vaut.	2	0	9,84
Le Septier. . . .	0	5	2,46
L'Emine.	0	2	6,23
La Quarte . . .	0	1	3,11
Le Boisseau. . .	0	0	4,37

	salm.	sept.	ém.	quart.	bois.
L'Hectolitre vaut .	0	1	1	1	1,88
Le Décalitre. . . .	0	0	0	0	2,29
Le Litre	0	0	0	0	0,23

N.° 24.

La Salmée se divise en 8 Emines.

	h.l.	dc.l.	l.
La Salmée vaut.	2	1	5,67
L'Emine.	0	2	6,96

	salm.	ém.
L'Hectolitre vaut	0	3,709
Le Décalitre.	0	0,371
Le Litre.	0	0,037

N.° 25.

La Salmée se divise en 4 Septiers; le Septier se subdivise en 4 Quartes; la Quarte en 4 Boisseaux.

	h.l.	dc.l.	l.
La Salmée vaut.	2	1	8,95
Le Septier. . . .	0	5	4,74
La Quarte. . . .	0	1	3,68
Le Boisseau. . .	0	0	3,42

	salm.	sept.	quart.	bois.
L'Hectolitre vaut.	0	1	3	1,23
Le Décalitre. . .	0	0	0	2,92
Le Litre	0	0	0	0,29

N.° 26.

La Salmée se divise en 8 Emines; l'Emine se subdivise en 2 Quartes; la Quarte en 4 Boisseaux.

	h.l.	dc.l.	l.
La Salmée vaut.	2	2	0,67
L'Emine. . . .	0	2	7,58
La Quarte . . .	0	1	3,79
Le Boisseau. . .	0	0	3,45

	salm.	ém.	quart.	bois.
L'Hectolitre vaut.	0	3	1	1,00
Le Décalitre . . .	0	0	0	2,90
Le Litre	0	0	0	0,29

N.° 27.

La Salmée se divise en 4 Septiers; le Septier se subdivise en 4 Quartes; la Quarte en 4 Boisseaux.

	h.l.	dc.l.	l.
La Salmée vaut.	2	3	0,00
Le Septier. . . .	0	5	7,50
La Quarte. . . .	0	1	4,38
Le Boisseau. . .	0	0	3,59

	salm.	sept.	quart.	bois.
L'Hectolitre vaut.	0	1	2	3,83
Le Décalitre . . .	0	0	0	2,78
Le Litre	0	0	0	0,28

N.° 28.

La Salmée se divise en 4 Septiers; le Septier se subdivise en 2 Emines; l'Emine en 2 Quartes; la Quarte en 4 Boisseaux.

	h.l.	dc.l.	l.
La Salmée vaut.	2	3	0,83
Le Septier. . . .	0	5	7,71
L'Emine.	0	2	8,85
La Quarte. . . .	0	1	4,43
Le Boisseau. . .	0	0	3,61

	salm.	sept.	ém.	quart.	bois.
L'Hectolitre vaut :	0	1	1	0	3,73
Le Décalitre. . . .	0	0	0	0	2,77
Le Litre	0	0	0	0	0,28

N°. 29.

La SALMÉE se divise en 4 Septiers ; le Septier se subdivise en 4 Quartes ; la Quarte en 4 Boisseaux.

	h.l.	dc.l.	l.
La Salmée vaut.	2	3	5,22
Le Septier. . . .	0	5	8,80
La Quarte. . . .	0	1	4,70
Le Boisseau. . .	0	0	3,68

	salm.	sept.	quart.	bois.
L'Hectolitre vaut.	0	1	2	3,21
Le Décalitre . . .	0	0	0	2,72
Le Litre	0	0	0	0,27

N.° 30.

La SALMÉE se divise en 4 Septiers ; le Septier se subdivise en 2 Emines ; l'Emine en 2 Quartes ; la Quarte en 4 Boisseaux.

	h.l.	dc.l.	l.
La Salmée vaut.	2	3	8,93
Le Septier. . . .	0	5	9,73
L'Emine.	0	2	9,87
La Quarte. . . .	0	1	4,93
Le Boisseau. . .	0	0	3,73

	salm.	sept.	ém.	quart.	bois.
L'Hectolitre vaut.	0	1	1	0	2,79
Le Décalitre . . .	0	0	0	0	2,68
Le Litre	0	0	0	0	0,27

N.° 31.

La Salmée se divise en 4 Septiers; le Septier se subdivise en 4 Quartes; la Quarte en 4 Boisseaux.

	h.l.	dc.l.	l.
La Salmée vaut.	2	6	7,91
Le Septier. . . .	0	6	6,98
La Quarte. . . .	0	1	6,74
Le Boisseau. . .	0	0	4,19

	salm.	sept.	quart.	bois.
L'Hectolitre vaut.	0	1	1	3,89
Le Décalitre . . .	0	0	0	2,39
Le Litre.	0	0	0	0,24

SECTION 4.me

DES MESURES DE CAPACITÉ

Pour le Vin.

N.° 1.

Le Barral contient 6 Veltes $\frac{2}{3}$, et se divise en 28 Pots ; le Pot se subdivise en 2 Pichés ; le Piché en 2 Feuillettes.

	h.l.	dc.l.	l.
Le Barral vaut .	0	5	0,78
Le Pot.	0	0	1,81
Le Piché	0	0	0,91
La Feuillette . .	0	0	0,45

	bar.	po.	pi.	f.
L'Hectolitre vaut.	1	27	0	0,55
Le Décalitre . . .	0	5	1	0,06
Le Litre	0	0	1	0,21

N.° 2.

Le Barral contient 7 Veltes $\frac{1}{2}$, et se divise en 30 Pots ou Pintes ; le Pot en 2 Miéges ; la Miége en 2 Feuillettes.

	h.l.	dc.l.	l.
Le Barral vaut .	0	5	7,13
Le Pot.	0	0	1,90
La Miége	0	0	0,95
La Feuillette . .	0	0	0,48

	bar.	po.	mi.	f.
L'Hectolitre vaut.	1	22	1	0,05
Le Décalitre . . .	0	5	0	1,01
Le Litre	0	0	1	0,10

N.° 3.

Le BARRAL contient 7 VELTES $\frac{1}{2}$, et se divise en 27 Pots ou Pintes; le Pot se subdivise en 2 Miéges; la Miége en 2 Feuillettes.

	h.l.	dc.l.	l.
Le Barral vaut.	0	5	7,13
Le Pot	0	0	2,12
La Miége	0	0	1,06
La Feuillette . .	0	0	0,53

	bar.	po.	mi.	f.
L'Hectolitre vaut.	1	20	0	1,05
Le Décalitre . . .	0	4	1	0,90
Le Litre.	0	0	0	1,89

N.° 4.

Le BARRAL contient 7 VELTES $\frac{1}{2}$, et se divise en 24 Pots; le Pot se subdivise en 2 Pichés; le Piché en 2 Feuillettes.

	h.l.	dc.l.	l.
Le Barral vaut. .	0	5	7,13
Le Pot.	0	0	2,38
Le Piché.	0	0	1,19
La Feuillette . .	0	0	0,60

	bar.	po.	pi.	f.
L'Hectolitre vaut.	1	18	0	0,04
Le Décalitre . . .	0	4	0	0,80
Le Litre	0	0	0	1,68

N.° 5.

Le SEPTIER se divise en 4 Quartes; la Quarte se subdivise en 8 Miéges; la Miége en 2 Feuillettes; la Feuillette en 2 Truquettes.

	h.l.	dc.l.	l.
Le Septier vaut.	0	6	2,32
La Quarte. . . .	0	1	5,58
La Miége	0	0	1,95
La Feuillette. . .	0	0	0,97
La Truquette. .	0	0	0,49

	sept.	quar.	mi.	f.	tr.
L'Hectolitre vaut .	1	2	3	0	1,38
Le Décalitre. . . .	0	0	5	0	0,54
Le Litre.	0	0	0	1	0,05

N.° 6.

Le BARRAL se divise en 32 Pots; le Pot se subdivise en 2 Miéges; la Miége en 2 Feuillettes.

	h.l.	dc.l.	l.
Le Barral vaut.	0	6	3,48
Le Pot.	0	0	1,98
La Miége	0	0	0,99
La Feuillette . .	0	0	0,50

	bar.	po.	mi.	f.
L'Hectolitre vaut.	1	18	0	1,65
Le Décalitre	0	5	0	0,16
Le Litre	0	0	1	0,02

N.° 7.

Le Barral se divise en 28 Pots; le Pot se subdivise en 2 Miéges; la Miége en 2 Feuillettes.

	h.l.	dc.l.	l.
Le Barral vaut. .	0	6	3,48
Le Pot.	0	0	2,27
La Miége	0	0	1,13
La Feuillette . .	0	0	0,57

	bar.	po.	mi.	f.
L'Hectolitre vaut.	1	16	0	0,44
Le Décalitre . . .	0	4	0	1,64
Le Litre	0	0	0	1,76

N.° 8.

La Charge * se divise en 8 Septiers; le Septier se subdivise en 8 Pots; le Pot en 2 Miéges; la Miége en 2 Feuillettes.

	h.l.	dc.l.	l.
La Charge vaut.	1	3	5,42
Le Septier. . . .	0	1	6,93
Le Pot.	0	0	2,12
La Miége.	0	0	1,06
La Feuillette . .	0	0	0,53

	ch.	sept.	po.	mi.	f.
L'Hectolitre vaut .	0	5	7	0	1,05
Le Décalitre. . . .	0	0	4	1	0,90
Le Litre	0	0	0	0	1,89

* Dans le village de *Bordezac*, dépendant de la commune d'*Aujac*, la Charge se divisoit en 6 Septiers; le Septier se subdivisoit en 10 Pots, etc. La Charge vaut 1h.l. 2dc.l. 6l.,95;

L'Hectolitre vaut 0ch. 4sept. 7po. 0mi. 1f.,05.

N.° 9.

La CHARGE se divise en 9 Emines ; l'Emine se subdivise en 8 Pots ou Pintes ; le Pot en 2 Miéges, la Miége en 2 Feuillettes.

	h.l.	de.l.	l.
La Charge vaut.	1	5	2,34
L'Emine.	0	1	6,93
Le Pot.	0	0	2,12
La Miége	0	0	1,06
La Feuillette . .	0	0	0,53

	ch.	ém.	po.	mi.	f.
L'Hectolitre vaut .	0	5	7	0	1,05
Le Décalitre. . . .	0	0	4	1	0,90
Le Litre	0	0	0	0	1,89

N.° 10.

La CHARGE se divise en 3 Barraux ; le Barral se subdivise en 24 Pots ou Pintes ; le Pot en 2 Miéges ; la Miége en 2 Feuillettes.

	h.l.	de.l.	l.
La Charge vaut.	1	5	4,25
Le Barral	0	5	1,42
Le Pot.	0	0	2,14
La Miége	0	0	1,07
La Feuillette . .	0	0	0,54

	ch.	bar.	po.	mi.	f.
L'Hectolitre vaut .	0	12	2	1	0,71
Le Décalitre. . . .	0	0	4	1	0,67
Le Litre	0	0	0	0	1,87

N.° 11.

La Charge contient 22 Veltes $\frac{1}{2}$, et se divise en 3 Barraux ; le Barral se subdivise en 27 Pots ou Pintes ; le Pot en 2 Miéges ; la Miége en 2 Feuillettes.

	h.l.	dc.l.	l.
La Charge vaut.	1	7	1,39
Le Barral	0	5	7,13
Le Pot.	0	0	2,12
La Miége	0	0	1,06
La Feuillette. . .	0	0	0,53

	ch.	bar.	po.	mi.	f.
L'Hectolitre vaut .	0	1	20	0	1,05
Le Décalitre. . . .	0	0	4	1	0,90
Le Litre	0	0	0	0	1,89

N.° 12.

Le Tonneau contient 35 Veltes, et se divise en 5 Barraux ; le Barral se subdivise en 28 Pots ; le Pot en 2 Pichés ; le Piché en 2 Feuillettes.

	h.l.	dc.l.	l.
Le Tonneau vaut.	2	6	6,60
Le Barral.	0	5	3,32
Le Pot	0	0	1,90
Le Piché	0	0	0,95
La Feuillette. . .	0	0	0,48

	ton.	bar.	po.	pi.	f.
L'Hectolitre vaut .	0	1	24	1	0,05
Le Décalitre. . . .	0	0	5	0	1,01
Le Litre	0	0	0	1	0,10

N.° 13.

Le TONNEAU contient 37 VELTES ½, et se divise en 5 Barraux; le Barral se subdivise en 24 Pots; le Pot en 2 Pichés; le Piché en 2 Feuillettes.

	h.l.	dc.l.	l.
Le Tonneau vaut.	2	8	5,64
Le Barral.	0	5	7,13
Le Pot	0	0	2,38
Le Piché	0	0	1,19
La Feuillette. . .	0	0	0,60

	ton.	bar.	po.	pi.	f.
L'Hectolitre vaut .	0	1	18	0	0,04
Le Décalitre. . . .	0	0	4	0	0,80
Le Litre	0	0	0	1	0,68

N.° 14.

Le TONNEAU contient 40 VELTES ½, et se divise en 6 Barraux; le Barral se subdivise en 27 Pots ou Pintes; le Pot en 2 Miéges; la Miége en 2 Feuillettes.

	h.l.	dc.l.	l.
Le Tonneau vaut.	3	0	8,50
Le Barral.	0	5	1,42
Le Pot	0	0	1,90
La Miége	0	0	0,95
La Feuillette . . .	0	0	0,48

	ton.	bar.	po.	mi.	f.
L'Hectolitre vaut .	0	1	25	1	0,05
Le Décalitre. . . .	0	0	5	0	1,01
Le Litre.	0	0	0	1	0,10

N.° 15.

Le Tonneau se divise en 6 Barraux; le Barral se subdivise en 26 Pots ou Pintes; le Pot en 2 Miéges; la Miége en 2 Feuillettes.

	h.l.	dc.l.	l.
Le Tonneau vaut.	3	0	8,50
Le Barral.	0	5	1,42
Le Pot	0	0	1,98
La Miége.	0	0	0,99
La Feuillette . . .	0	0	0,49

	ton.	bar.	po.	mi.	f.
L'Hectolitre vaut .	0	1	24	1	0,27
Le Décalitre. . . .	0	0	5	0	0,23
Le Litre	0	0	0	1	0,02

N.° 16.

Le Tonneau se divise en 6 Barraux; le Barral se subdivise en 22 Pintes; la Pinte en 2 Miéges; le Miége en 2 Feuillettes.

	h.l.	dc.l.	l.
Le Tonneau vaut.	3	0	8,50
Le Barral.	0	5	1,42
La Pinte	0	0	2,34
La Miége	0	0	1,17
La Feuillette. . .	0	0	0,58

	ton.	bar.	pin.	mi.	f.
L'Hectolitre vaut .	0	1	20	1	1,15
Le Décalitre. . . .	0	0	4	0	1,12
Le Litre	0	0	0	0	1,71

N.° 17.

Le TONNEAU se divise en 7 Septiers ; le Septier se subdivise en 4 Quartes ou Quartaux; la Quarte en 8 Pots ou Pichés; le Pot en 2 Feuillettes.

	h.l.	dc.l.	l.
Le Tonneau vaut.	3	1	9,92
Le Septier	0	4	5,70
La Quarte	0	1	1,43
Le Pot	0	0	1,43
La Feuillette . . .	0	0	0,71

	ton.	sept.	quar.	po.	f.
L'Hectolitre vaut .	0	2	0	6	0,03
Le Décalitre. . . .	0	0	0	7	0,00
Le Litre	0	0	0	0	1,40

N.° 18.

Le TONNEAU contient 42 VELTES $\frac{1}{2}$, et se divise en 8 Septiers; le Septier se subdivise en 4 Quartes; la Quarte en 8 Pots ou Pichés; le Pot en 2 Feuillettes.

	h.l.	dc.l.	l.
Le Tonneau vaut.	3	2	3,73
Le Septier	0	4	0,47
La Quarte	0	1	0,12
Le Pot	0	0	1,26
La Feuillette . . .	0	0	0,63

	ton.	sept.	quar.	po.	f.
L'Hectolitre vaut .	0	2	1	7	0,16
Le Décalitre. . . .	0	0	0	7	1,82
Le Litre	0	0	0	0	1,58

N.° 19.

Le TONNEAU contient 45 VELTES, et se divise en 9 Septiers; le Septier se subdivise en 32 Pots ou Pichés; le Pot en 2 Feuillettes.

	h.l.	dc.l.	l.
Le Tonneau vaut.	3	4	2,77
Le Septier	0	3	8,09
Le Pot	0	0	1,19
La Feuillette . . .	0	0	0,60

	ton.	sept.	po.	f.
L'Hectolitre vaut.	0	2	20	0,04
Le Décalitre . . .	0	0	8	0,80
Le Litre	0	0	0	1,68

N°. 20.

Le TONNEAU contient 45 VELTES, et se divise en 7 Septiers; le Septier se subdivise en 4 Quartes ou Quartaux; la Quarte en 8 Pots ou Pichés; le Pot en 2 Feuillettes.

	h.l.	dc.l.	l.
Le Tonneau vaut.	3	4	2,77
Le Septier	0	4	8,97
La Quarte	0	1	2,24
Le Pot	0	0	1,53
La Feuillette . . .	0	0	0,77

	ton.	sept.	quar.	po.	f.
L'Hectolitre vaut .	0	2	0	1	0,70
Le Décalitre. . . .	0	0	0	6	1,07
Le Litre	0	0	0	0	1,31

N.° 21.

Le TONNEAU contient 45 VELTES, et se divise en 6 Barraux; le Barral se subdivise en 27 Pots ou Pintes; le Pot en 2 Miéges; la Miége en 2 Feuillettes.

	h.l.	dc.l.	l.
Le Tonneau vaut.	3	4	2,77
Le Barral.	0	5	7,13
Le Pot	0	0	2,12
La Miége.	0	0	1,06
La Feuillette. . .	0	0	0,53

	ton.	bar.	po.	mi.	f.
L'Hectolitre vaut .	0	1	20	0	1,05
Le Décalitre. . . .	0	0	4	1	0,90
Le Litre.	0	0	0	0	1,89

N.° 22.

Le TONNEAU contient 45 VELTES, et se divise en 6 Barraux; le Barral se subdivise en 24 Pots; le Pot en 2 Pichés; le Piché en 2 Feuillettes.

	h.l.	dc.l.	l.
Le Tonneau vaut.	3	4	2,77
Le Barral.	0	5	7,13
Le Pot	0	0	2,38
Le Piché	0	0	1,19
La Feuillette . . .	0	0	0,60

	ton.	bar.	po.	pi.	f.
L'Hectolitre vaut . .	0	1	18	0	0,04
Le Décalitre. . . .	0	0	4	0	0,80
Le Litre	0	0	0	0	1,68

N.° 23.

Le TONNEAU se divise en 6 Barraux *; le Barral se subdivise en 3 Mesures **; la Mesure en 8 Pintes; la Pinte en 2 Miéges; la Miége en 2 Feuillettes.

	h.l.	dc.l.	l.
Le Tonneau vaut.	3	4	2,77
Le Barral.	0	5	7,13
La Mesure	0	1	9,04
La Pinte	0	0	2,38
La Miége.	0	0	1,19
La Feuillette . . .	0	0	0,60

	ton.	bar.	mes.	pin.	mi.	f.
L'Hectolitre v.t	0	1	2	2	0	0,04
Le Décalitre. .	0	0	0	4	0	0,80
Le Litre. . . .	0	0	0	0	0	1,68

N.° 24.

Le TONNEAU contient 45 VELTES, et se divise en 5 Barraux; le Barral se subdivise en 24 Pots; le Pot en 2 Pichés; le Piché en 2 Feuillettes.

	h.l.	dc.l.	l.
Le Tonneau vaut.	3	4	2,77
Le Barral.	0	6	8,55
Le Pot	0	0	2,86
Le Piché	0	0	1,43
La Feuillette . . .	0	0	0,71

	ton.	bar.	po.	pi.	f.
L'Hectolitre vaut .	0	1	11	0	0,03
Le Décalitre. . . .	0	0	3	1	0,00
Le Litre	0	0	0	0	1,40

* A St-André-de-Valborgue on disoit *Septiers*.
** . . . . *Idem* . . . . . . *Cannes* ou *Barraux*.

N.° 25.

Le Muid contient 90 Veltes, et se divise en 576 Pots; le Pot se subdivise en 2 Feuillettes.

	h.l.	dc.l.	l.
Le Muid vaut. .	6	8	5,55
Le Pot.	0	0	1,19
La Feuillette . .	0	0	0,60

	muid.	po.	f.
L'Hectolitre vaut. . . .	0	84	0,04
Le Décalitre	0	8	0,80
Le Litre.	0	0	1,68

N.° 26.

Le Muid contient 90 Veltes, et se divise en 18 Mesures; la Mesure se subdivise en 32 Pots; le Pot en 2 Feuillettes.

	h.l.	dc.l.	l.
Le Muid vaut. .	6	8	5,55
La Mesure . . .	0	3	8,09
Le Pot.	0	0	1,19
La Feuillette . .	0	0	0,60

	muid.	mes.	po.	f.
L'Hectolitre vaut.	0	2	20	0,04
Le Décalitre . . .	0	0	8	0,80
Le Litre	0	0	0	1,68

N.° 27.

Le Muid contient 90 Veltes, et se divise en 18 Barraux ou Mesures ; le Barral se subdivise en 25 Pots ; le Pot en 2 Feuillettes.

	h.l.	dc.l.	l.
Le Muid vaut. .	6	8	5,55
Le Barral	0	3	8,09
Le Pot.	0	0	1,52
La Feuillette . .	0	0	0,76

	muid.	bar.	po.	f.
L'Hectolitre vaut.	0	2	15	1,28
Le Décalitre . . .	0	0	6	1,13
Le Litre.	0	0	0	1,31

N.° 28.

Le Muid contient 90 Veltes, et se divise en 16 Barraux ; le Barral se subdivise en 36 Pichés ; le Piché en 2 Feuillettes.

	h.l.	dc.l.	l.
Le Muid vaut. .	6	8	5,55
Le Barral	0	4	2,85
Le Piché.	0	0	1,19
La Feuillette . .	0	0	0,60

	muid.	bar.	pi.	f.
L'Hectolitre vaut.	0	2	12	0,04
Le Décalitre. . .	0	0	8	0,80
Le Litre.	0	0	0	1,68

N.° 29.

Le Muid contient 90 Veltes, et se divise en 15 Barraux; le Barral se subdivise en 38 Pots; le Pot en 2 Feuillettes.

	h.l.	dc.l.	l.
Le Muid vaut. .	6	8	5,55
Le Barral	0	4	5,70
Le Pot.	0	0	1,20
La Feuillette. . .	0	0	0,60

	muid.	bar.	po.	f.
L'Hectolitre vaut.	0	2	7	0,29
Le Décalitre . . .	0	0	8	0,63
Le Litre.	0	0	0	1,66

N.° 30.

Le Muid contient 90 Veltes, et se divise en 15 Barraux; le Barral se subdivise en 30 Pots ou Pichés; le Pot en 2 Feuillettes.

	h.l.	dc.l.	l.
Le Muid vaut. .	6	8	5,55
Le Barral	0	4	5,70
Le Pot.	0	0	1,52
La Feuillette. . .	0	0	0,76

	muid.	bar.	po.	f.
L'Hectolitre vaut.	0	2	5	1,28
Le Décalitre . . .	0	0	6	1,13
Le Litre.	0	0	0	1,31

N.° 31.

Le Muid contient 90 Veltes, et se divise en 14 Barraux ; le Barral se subdivise en 40 Pots ou Pichés ; le Pot en 2 Feuillettes.

	h.l.	dc.l.	l.
Le Muid vaut. .	6	8	5,55
Le Barral	0	4	8,97
Le Pot.	0	0	1,22
La Feuillette . .	0	0	0,61

	muid.	bar.	po.	f.
L'Hectolitre vaut.	0	2	1	1,37
Le Décalitre . . .	0	0	8	0,34
Le Litre.	0	0	0	1,63

N.° 32.

Le Muid contient 90 Veltes, et se divise en 12 Barraux; le Barral se subdivise en 72 Pichés.

	h.l.	dc.l.	l.
Le Muid vaut. .	6	8	5,55
Le Barral	0	5	7,13
Le Piché.	0	0	0,79

	muid.	bar.	pi.
L'Hectolitre vaut	0	1	54,03
Le Décalitre.	0	0	12,60
Le Litre.	0	0	1,26

N.° 33

N.o 33.

Le Muid contient 90 Veltes, et se divise en 12 Barraux; le Barral se subdivise en 48 Pots ou Pichés; le Pot en 2 Feuillettes.

	h.l.	dc.l.	l.
Le Muid vaut. .	6	8	5,55
Le Barral	0	5	7,13
Le Pot.	0	0	1,19
La Feuillette. . .	0	0	0,60

	muid.	bar.	po.	f.
L'Hectolitre vaut.	0	1	36	0,04
Le Décalitre . . .	0	0	8	0,80
Le Litre	0	0	0	1,68

N.o 34.

Le Muid contient 90 Veltes, et se divise en 12 Barraux; le Barral se subdivise en 36 Pots; le Pot en 2 Feuillettes.

	h.l.	dc.l.	l.
Le Muid vaut. .	6	8	5,55
Le Barral	0	5	7,13
Le Pot.	0	0	1,59
La Feuillette . .	0	0	0,79

	muid.	bar.	po.	f.
L'Hectolitre vaut.	0	1	27	0,03
Le Décalitre . . .	0	0	6	0,60
Le Litre	0	0	0	1,26

N.° 35.

Le Muid contient 90 Veltes, et se divise en 2 Tonneaux; le Tonneau * se subdivise en 288 Pots ou Pichés; le Pot en 2 Feuillettes.

	h.l.	dc.l.	l.
Le Muid vaut. .	6	8	5,55
Le Tonneau. . .	3	4	2,77
Le Pot.	0	0	1,19
La Feuillette . .	0	0	0,60

	muid.	ton.	po.	f.
L'Hectolitre vaut.	0	0	84	0,04
Le Décalitre . . .	0	0	8	0,80
Le Litre.	0	0	0	1,68

N.° 36.

Le Muid contient 90 Veltes, et se divise en 2 Tonneaux; le Tonneau se subdivise en 36 Quartaux; le Quartal en 8 Pots ou Pichés; le Pot en 2 Feuillettes.

	h.l.	dc.l.	l.
Le Muid vaut. .	6	8	5,55
Le Tonneau. . .	3	4	2,77
Le Quartal. . . .	0	0	9,52
Le Pot.	0	0	1,19
La Feuillette. . .	0	0	0,60

	muid.	ton.	quart.	po.	f.
L'Hectolitre vaut .	0	0	10	4	0,04
Le Décalitre. . . .	0	0	1	0	0,80
Le Litre	0	0	0	0	1,68

---

* On divisoit encore le Tonneau en 3 *Tiercerolles*, en 4 *Quarterolles* et en 6 *Sixains* : la Tiercerolle vaut 1h.l. 1dc.l. 4l.,26; la Quarterolle vaut 8dc.l. 5l.69; et le Sixain vaut 5dc.l. 7l.,13.

N.° 37.

Le Muid contient 90 Veltes, et se divise en 2 Tonneaux; le Tonneau se subdivise en 8 Septiers; le Septier en 32 Pots ou Pichés; le Pot en 2 Feuillettes.

	h.l.	dc.l.	l.
Le Muid vaut. .	6	8	5,55
Le Tonneau. . .	3	4	2,77
Le Septier. . . .	0	4	2,85
Le Pot.	0	0	1,34
La Feuillette. . .	0	0	0,67

	muid.	ton.	sept.	po.	f.
L'Hectolitre vaut .	0	0	2	10	1,37
Le Décalitre. . . .	0	0	0	7	0,94
Le Litre	0	0	0	0	1,49

SECTION 5.me

DES MESURES DE CAPACITÉ

POUR L'HUILE.

N.° 1.

La CANNE ou la QUARTE v.t 9,052 l.

Le Décalitre vaut . . . . 1,105 can.

N.° 2.

La CANNE vaut . . . . 9,190 l.

Le Décalitre vaut . . . . 1,088 can.

N.° 3.

La CANNE vaut. . . . . . . 9,278 l.

Le Décalitre vaut. . . . . 1,078 can.

N.° 4.

La CANNE ou la QUARTE * v.t 9,504 l.

Le Décalitre vaut. . . . . 1,052 can.

---

* Dans quelques communes on disoit encore *Quartal*.

N.° 5.

	l.
La CANNE vaut	9,617
	can.
Le Décalitre vaut	1,040

N.° 6.

	l.
La CANNE vaut	9,730
	can.
Le Décalitre vaut	1,028

N.° 7.

	l.
La CANNE ou la QUARTE * v.t	9,957
	can.
Le Décalitre vaut	1,004

N.° 8.

	l.
La CANNE ou la QUARTE * v.t	10,161
	can.
Le Décalitre vaut	0,982

N.° 9.

	l.
La CANNE vaut.	10,409
	can.
Le Décalitre vaut.	0,961

* Dans quelques communes on disoit encore *Quartal.*

N.° 10.

	l.
La Canne vaut	10,636
	can.
Le Décalitre vaut	0,940

N.° 11.

	l.
La Canne vaut	11,314
	can.
Le Décalitre vaut.	0,884

N.° 12.

	l.
La Canne vaut	12,672
	can.
Le Décalitre vaut.	0,789

N.° 13.

	l.	
Le Barral (divisé en 24 Pots), vaut	49,784	
Le Pot.	2,074	
	bar.	po.
Le Décalitre vaut.	0	4,821

SECTION 6.me

DES POIDS.

» La LIVRE, Poids de Marc, se divisoit en 16 Onces ; l'Once se subdivisoit en 8 Gros ; le Gros en 3 Deniers ; le Denier en 24 Grains.

	gm.
La Livre vaut. . . .	489,50585
L'Once	30,59412
Le Gros.	3,82426
Le Denier.	1,27475
Le Grain	0,05311

	liv.	on.	gr.	gn.	
Le Myriagr.me vt. .	20	6	6	63,5	EXACTEMENT.
Le Kilogramme . .	2	0	5	35,15	
L'Hectogramme . .	0	3	2	10,715	
Le Décagramme. .	0	0	2	44,2715	
Le Gramme	0	0	0	18,82715	

» La Livre, Poids de Table, anciennement en usage dans la ville de Nismes, se divisoit en 16 Onces; l'Once se subdivisoit en 8 Gros ou *Tarnaux*.

	gm.
La Livre vaut	414,29021
L'Once.	25,89314
Le Gros ou *Tarnal*. .	3,23664

	liv.	on.	gr.
Le Myriagramme vaut. . . .	24	2	1,622
Le Kilogramme	2	6	4,962
L'Hectogramme	0	3	6,896
Le Décagramme.	0	0	3,090
Le Gramme	0	0	0,309

Liste

LISTE ALPHABÉTIQUE
DES COMMUNES
DU DÉPARTEMENT DU GARD,

Avec l'indication des numéros des tables auxquels on doit recourir pour chaque commune et pour chaque espèce de mesures variables.

N. B. *Les communes qui n'ont aucun numéro dans la première colonne, étoient dans l'usage d'exprimer les contenances en toises carrées, ou en cannes carrées mesure de Montpellier. Celles qui n'en ont point aux deux dernières colonnes, n'avoient aucune mesure pour le vin et l'huile dont on régloit la quantité au poids.*

NOMS DES COMMUNES.	Mesures agraires.	Mesures de capacité pour les grains.		
		les grains.	le vin.	l'huile.
Aigaliers *	16	20	22	4
Aigremont	3	26	22	1
Aiguesmortes	6	17	25	12
Aiguesvives	3	18	26	8
Aiguèze	18	16	1	13

* Le hameau de *Chabian*, dépendant de cette commune, suivoit, pour les grains, les mesures du n.° 21.

NOMS DES COMMUNES.	MESURES agraires.	MESURES de capacité pour les grains.	le vin.	l'huile.
Aimargues.	5	18	27	7
Alais.	3	21	14	7
Allègre	20	30	21	7
Alzon	3	5	»	»
Andùze	3	26	22	1
Aramon.	26	10	28	1
Argilliers	16	20	22	4
Arpaillargues	16	20	22	4
Arphy.	3	8	18	7
Arre.	2	8	18	7
Arrigas	3	8	»	»
Aspères.	3	23	35	10
Aubais.	3	23	25	10
Aubord	14	19	25	7
Aubussargues.	16	20	22	4
Aujac	20	14	8	7
Aujargues.	3	23	25	8
Aulas	3	8	18	7
Aumessas	3	8	»	»
Aureilhac.	16	20	22	4
Avejan.	38	30	6	4
Avèze	3	8	18	7
Bagard.	3	26	22	1
Bagnols	18	15	12	1
Barjac.	38	30	6	7
Barron.	36	21	22	4
Beaucaire	15	11	31	7
Beauvoisin.	21	19	25	7

NOMS DES COMMUNES.	Mesures agraires.	MESURES de capacité pour les grains.	le vin.	l'huile.
Bellegarde	25	19	30	7
Belvezet	36	20	22	4
Bernis	14	19	25	7
Bez	3	8	18	7
Bezouce	25	19	33	1
Blandas	3	8	»	»
Blannaves	38	21	14	7
Blauzac	16	20	22	4
Boisset-et-Gaujac	3	26	22	1
Boissières	3	18	25	7
Bonneveaux	»	14	8	»
Boucoiran	1	21	21	4
Bouillargues	24	19	32	1
Bouquet	3	21	22	4
Bourdic	16	20	22	4
Bragassargues	3	27	36	7
Breau	2	8	18	7
Brézis	»	14	8	»
Brignon	3	21	21	4
Brouzet, (*arrond.t d'Alais*)	3	21	22	4
Brouzet, (*arrond.t du Vigan*)	3	27	36	7
Cabrières	31	19	33	1
Calvisson	3	18	25	8
Cambo	3	29	36	8
Campestre	3	5	»	»
Canaules	3	27	36	7
Cannes-et-Clairan	3	23	35	10
Cardet	3	26	22	1

NOMS DES COMMUNES.	MESURES agraires.	MESURES de capacité pour les grains.	le vin.	l'huile.
Carnas	3	27	36	7
Carsan	18	16	1	13
Cassagnoles.	3	26	22	4
Castelnau	1	21	21	5
Castillon, (*arrond.t d'Alais*).	20	30	11	7
Castillon-du-Gard (*a.t d'Uzés*)	16	20	22	4
Causse-Begon.	3	5	»	»
Caveirac.	31	19	25	7
Cavillargues.	18	15	12	1
Cendras	3	21	14	7
Cézas	3	29	36	8
Chamborigaud	»	14	9	7
Chusclan	18	15	12	1
Clarensac	9	19	25	8
Codognan.	3	18	25	7
Codolet	13	15	24	4
Collorgues.	16	20	22	4
Colognac	3	31	20	4
Combas	3	23	33	10
Comiac-de-Florian	3	27	36	7
Comps-St-Etienne	27	11	31	7
Concoules.	»	14	8	»
Congénies.	3	23	35	9
Connaux.	18	15	24	4
Conqueyrac.	3	29	36	8
Corbès	3	26	22	1
Corconne	3	27	36	7
Cornillon	18	15	12	4

NOMS DES COMMUNES.	MESURES agraires.	MESURES de capacité pour		
		les grains.	le vin.	l'huile.
Courry	20	30	21	7
Crespian	3	23	22	10
Cros.	3	29	36	8
Cruviers-et-Lascours.	19	21	21	4
Deaux.	3	21	23	7
Dions	31	19	22	1
Domazan	16	20	33	1
Domessargues	19	26	22	6
Dourbies	3	1	»	»
Durfort	3	27	36	7
Elze	»	14	8	»
Esparron	3	8	18	7
Estézargues.	11	20	33	1
Euzet	3	21	21	7
Flaux	16	20	4	4
Foissac	36	20	22	4
Fons.	24	19	33	1
Fons-sur-Lussan	20	30	22	4
Fontanès.	3	23	35	10
Fontarèches.	16	20	22	4
Fournès.	16	20	22	1
Fourques	8	12	30	7
Fressac	3	27	36	7
Gajan	3	19	22	1
Galhan.	3	23	35	10
Gallargues.	6	18	26	11
Garrigues	16	20	22	4
Gaujac.	18	15	12	4

NOMS DES COMMUNES.	MESURES agraires.	MESURES de capacité pour les grains.	le vin.	l'huile.
Générac	3	19	29	7
Générargues	3	26	22	1
Genolhac	19	14	9	»
Goudargues	18	15	12	4
Hiverne	»	14	8	»
Issirac	18	15	12	4
Jonquières-et-St-Vincent	15	11	31	7
Junas	3	23	25	10
La Bastide-d'Engras	16	20	22	4
La Baume	16	20	22	4
La Bruguière	16	20	22	4
La Cadière	3	29	36	8
La Calmette	10	19	22	4
La Capelle	16	20	4	4
Lamelouse	38	21	14	7
Langlade	9	19	32	7
Lanuéjols	7	5	»	»
La Roque	18	15	12	4
La Rouvière	10	19	22	4
La Rouvière (N. D. de)	3	3	5	4
Lasalle	3	31	20	4
Laudun	18	15	24	4
Laval	38	21	14	7
Laval-St-Romain	18	16	1	13
Lédénon	10	19	33	1
Lédignan	3	26	22	1
Le Cailar	5	17	27	7
Le Garn	18	15	12	13

NOMS DES COMMUNES.	Mesures agraires.	MESURES de capacité pour les grains.	le vin.	l'huile.
Le Pin	16	20	22	4
Lèques	3	23	35	10
Les Angles	30	22	24	1
Les Plans	3	21	22	4
Lézan	3	26	22	1
Liouc	3	27	36	7
Lirac	18	13	24	1
Logrian	3	27	36	7
Luc	3	5	»	»
Lussan	34	30	22	4
Malons	»	14	8	»
Mandagout	3	5	»	7
Manduel	33	19	33	1
Marguerites	25	19	33	1
Mars	3	8	18	7
Martignargues	38	21	23	7
Maruéjols	3	19	25	8
Maruéjols-lez-Gardon	3	26	22	1
Mas-Dieu	38	21	14	7
Masmolène	16	20	4	4
Massanes	1	26	22	1
Massillargues	3	27	36	1
Mauressargues	3	26	22	3
Méjeannes-le-Clap	20	30	6	7
Méjeannes-lez-Alais	38	21	21	7
Meynes	22	11	28	1
Meyrannes	19	30	2	7
Mialet	3	26	22	1

NOMS DES COMMUNES.	MESURES agraires.	MESURES de capacité pour les grains.	le vin.	l'huile.
Milhaud	32	19	33	1
Molières	3	8	18	1
Monoblet	3	25	36	8
Mons	38	21	21	7
Montagnac	37	26	22	1
Montaren	16	20	22	4
Montclus	18	15	12	4
Montdardier	6	8	»	»
Monteils	3	21	23	7
Montfaucon	18	13	24	1
Montfrin	29	11	28	1
Montignargues	10	19	22	4
Montmirat	3	23	22	10
Montpezat	3	23	22	8
Montpezat-de-Gollias	16	20	22	4
Moulezan	3	26	22	10
Moussac	39	20	22	4
Mus	3	18	25	7
Nages-et-Soulorgues	3	19	25	7
Navacelles	3	21	22	4
Ners	3	21	21	4
Nismes	24	19	32	2
Nozières	1	21	22	4
Orsan	18	15	13	4
Orthoux-et-Quilhan { *Orthoux*	3	27	36	7
Orthoux-et-Quilhan { *Sérignac*	3	23	35	10
Orthoux-et-Quilhan { *Quilhan*	3	27	36	10
Parignargues	3	19	22	1

Paroisse

NOMS DES COMMUNES.		MESURES agraires.	MESURES de capacité pour les grains.	le vin.	l'huile.
Paroisse-du-Vigan		3	8	18	7
Peyrolles		2	26	20	4
Pommiers		3	8	18	7
Pompignan		3	27	36	8
Ponteils		»	14	8	»
Portes		38	21	16	7
Potelières		20	30	3	7
Pougnadoresse		18	15	12	4
Poulx		31	19	22	1
Pouzilhac		18	20	24	4
Puechredon		3	27	36	7
Pujault		18	13	24	1
Quissac		3	27	36	7
Redessan		9	19	33	1
Remoulins		16	20	33	1
Revens		3	5	»	»
Ribaute		3	26	22	1
Rivières		38	30	3	7
Robiac		20	30	10	7
Rochefort		16	20	4	1
Rochegude		38	30	3	7
Rogues		6	8	»	»
Roquedur	*le Haut*	3	8	18	7
	le Bas		2	19	1
Roquemaure		18	13	24	1
Rousson		3	21	14	7
Sabran		18	15	12	4
Sagriés		16	20	22	4

NOMS DES COMMUNES.	MESURES agraires.	MESURES de capacité pour		
		les grains.	le vin.	l'huile.
Saint-Alban	38	21	14	7
St-Alexandre	18	16	1	13
St-Ambroix	20	30	2	7
Ste-Anastasie	17	20	22	4
St-Andéol-de-Trouillas. . .	38	21	14	7
St-André-de-Majencoules .	3	6	5	7
St-André-d'Oleirargues. . .	18	15	12	4
St-André-de-Roque-Pertuis.	18	15	12	4
St-André-de-Valborgne . .	7	9	23	1
St-Bauzély	3	19	22	1
St-Bénézet	3	26	22	1
St-Bonnet (*arr.t de Nismes*)	12	20	33	1
St-Bonnet (*arr.t du Vigan*).	3	31	20	4
St-Brès	20	30	2	7
St-Bresson	3	4	19	7
Ste-Cécile-d'Andorge . . .	38	28	15	7
St-Cézaire-de-Gausignan .	3	21	21	4
St-Chaptes	16	20	22	4
St-Christol	19	21	14	7
St-Christol-de-Rodières . .	18	15	12	4
St-Clément	3	23	35	10
St-Côme	9	19	25	8
Ste-Croix-de-Caderle . . .	3	31	20	4
St-Denis.	20	30	2	7
St-Dézéry.	16	20	22	4
St-Dionisy.	9	19	25	7
St-Esprit	18	16	1	13
St-Etienne-de-Lolm	38	21	23	7

NOMS DES COMMUNES.	MESURES agraires.	MESURES de capacité pour les grains.	le vin.	l'huile.
St-Etienne-des-Sorts. . . .	18	15	12	4
Ste-Eulalie	16	20	22	4
St-Félix-de-Palières.	3	26	22	8
St-Florens.	20	30	14	7
St-Geniez-de-Comolas. . .	18	13	24	1
St-Geniez-de-Malgloirés. .	23	19	22	4
St-Gervais-lez-Bagnols. . .	18	15	12	4
St-Gervasy	31	19	33	1
St-Gilles	35	24	29	7
St-Hilaire-d'Ozilhan	16	20	22	4
St-Hilaire-de-Brethmas. . .	38	21	14	7
St-Hippolyte	3	29	36	8
St-Hippolyte-de-Caton. . .	3	21	23	7
St-Hippolyte-de-Montaigu .	16	20	4	4
St-Jean-de-Ceyrargues. . .	3	21	21	4
St-Jean-de-Crieulon	3	27	36	7
St-Jean-du-Gard	3	26	22	1
St-Jean-de-Maruéjols. . . .	20	30	6	4
St-Jean-du-Pin	3	21	14	7
St-Jean-de-Serres.	3	26	22	1
St-Jean-de-Valleriscle . . .	20	30	7	7
St-Julien-de-la-Nef.	3	2	19	1
St-Julien-de-Cassagnas. . .	20	30	2	7
St-Julien-de-Peyrolas . . .	18	16	1	13
St-Julien-de-Valgalgues . .	38	21	14	7
St-Just-et-Vacquières . . .	3	21	22	7
St-Laurent-d'Aigouse . . .	6	17	25	11
St-Laurent-de-Carnols. . .	18	15	12	4

NOMS DES COMMUNES.	MESURES agraires.	MESURES de capacité pour		
		les grains.	le vin.	l'huile.
St-Laurent-des-Arbres. . .	18	13	24	1
St-Laurent-la-Vernède. . .	16	20	22	4
St-Laurent-le-Minier. . . .	3	4	19	7
St-Mamert	3	19	33	8
St-Marcel-de-Careiret. . .	18	15	12	4
St-Marcel-de-Fontfouillouse.	2	31	20	4
St-Martial.	3	31	20	4
St-Martin-de-Valgalgues. .	38	21	14	7
St-Martin-de-Corconnac. .	2	31	20	4
St-Martin-de-Sossenac. . .	3	27	36	7
St-Maurice-de-Cazevieille .	1	21	21	4
St-Maximin.	16	20	4	4
St-Médiers	16	20	4	4
St-Michel-d'Euzet.	18	15	12	4
St-Nazaire	18	15	12	4
St-Nazaire-des-Gardies . .	3	27	36	7
St-Paulet-de-Caisson. . . .	18	16	1	13
St-Paul-la-Coste	3	21	14	7
St-Pons-de-la-Calm.	18	15	12	4
St-Privas-de-Champclos . .	38	30	6	7
St-Privas-lès-Vieux.	3	21	14	7
St-Quentin	16	20	4	4
St-Roman.	3	29	36	8
St-Sauveur	3	5	»	»
St-Sébastien.	3	26	22	1
St-Siffret	16	20	22	4
Ste-Théodorite.	3	26	22	10
St-Victor-de-Malcap. . . .	20	30	2	7

NOMS DES COMMUNES.	MESURES agraires.	MESURES de capacité pour les grains.	le vin.	l'huile.
St-Victor-des-Oules	16	20	4	4
St-Victor-la-Coste	18	15	12	1
Salagose	3	8	18	7
Salazat	18	15	12	4
Salindres	3	21	14	7
Salinelles	3	23	35	10
Sanilhac	16	20	4	4
Sardan	3	23	35	10
Saumane	4	31	17	4
Sauve	3	27	36	7
Sauzet	23	19	22	4
Savignargues	3	27	36	7
Sazes	16	20	4	1
Sénéchas	20	30	9	»
Sernhac	11	20	33	1
Servas	3	21	14	7
Serviers	16	20	22	4
Seynes	3	21	22	7
Sommières	3	23	35	10
Soudorgues	3	31	20	4
Spustelle	38	21	14	7
Souvignargues	3	23	35	10
Sumène	3	7	37	7
Tavel	18	13	24	1
Tharaux	38	30	3	4
Théziers	28	10	28	1
Thoiras	3	26	22	1
Tornac	3	26	22	1

NOMS DES COMMUNES.	MESURES agraires.	MESURES de capacité pour les grains.	le vin.	l'huile.
Tresques	18	15	12	4
Trèves	3	5	»	»
Uchaud	14	19	25	7
Uzés	16	20	22	4
Vabres	3	31	20	4
Valence	3	21	21	4
Vallabrègues *	27	11	34	7
Vallabrix	16	20	4	4
Vallérargues **	18	20	22	4
Valleraugues	2	3	5	4
Valliguières	16	20	24	4
Vauvert	6	19	25	7
Vénéjan	18	15	12	4
Verfeuil	18	15	12	4
Vergèse	3	18	25	7
Vers	16	20	22	4
Vestric-et-Candiac	14	19	25	7
Vézénobres	3	21	23	7
Vic-le-Fesq	3	23	35	10
Vigan	2	8	18	7
Villeneuve-lez-Avignon	30	22	24	1
Villevieille	3	23	35	10
Vissec	3	8	»	»

* Dans l'île neuve (quelques terres étant exceptées), la Salmée n'étoit que de 1600 Cannes carrées.

** Le Compoids a été fait d'après les mesures du n.° 18; néanmoins, les arpentages particuliers s'exécutoient conformément aux mesures du n.° 16.

APPENDICE

RELATIF

AUX MESURES USUELLES,

Dont l'emploi est autorisé par le Gouvernement dans le commerce en détail.

Le Gouvernement a autorisé l'usage de certaines unités de mesures, appropriées aux besoins journaliers du peuple, et néanmoins, rattachées aux unités légales par un rapport simple et facile à saisir; mais cet usage est restreint au commerce de détail, et aux seules opérations qui n'exigent aucune écriture et ne laissent aucune trace.

Les mesures dont il s'agit ici, sont désignées par des noms anciens que l'usage avoit rendus familiers, et leurs divisions sont conformes à celles des anciennes mesures le plus généralement usitées.

Ainsi, une mesure de longueur, égale à deux mètres, prend le nom de *toise*, et se divise en six *pieds*.

Le pied, égal au tiers du mètre, se subdivise en douze *pouces*; et le pouce en douze *lignes*.

Ces mesures sont peu différentes de l'ancienne toise de Paris et de l'ancien pied-de-roi, qu'elles n'excèdent que d'environ deux et demi pour cent. On peut, dans les usages ordinaires, les employer non-seulement comme mesures de longueur, mais encore comme mesures de superficie et de solidité; c'est-à-dire, exprimer des quantités superficielles ou solides en toises, pieds, pouces et lignes carrés ou cubiques.

Le mesurage des toiles ou étoffes se fait avec une mesure égale à douze décimètres, qui prend le nom d'*aune*, et se divise en demis, quarts, huitièmes et seizièmes, ainsi qu'en tiers, sixièmes et douzièmes.

Le rapport de l'aune au mètre est donc celui de 12 à 10, ou celui de 6 à 5; c'est-à-dire, que l'aune vaut $\frac{6}{5}$ de mètre, et le mètre, $\frac{5}{6}$ d'aune. Il suit de là que pour réduire un nombre quelconque d'aunes en mètres, il faut le multiplier par 6, et diviser le produit

produit par 5; et réciproquement, pour convertir un nombre donné de mètres en aunes, il faut le multiplier par 5, et diviser le produit par 6. Ou bien, dans le premier cas, il suffit d'augmenter d'un cinquième le nombre proposé, et dans le second, de le diminuer d'un sixième. Par exemple, 35 aunes valent 42 mètres; parce que 35 multiplié par 6, produit 210 qui, étant divisé par 5, donne 42; ou bien, parce que 35, augmenté de 7, qui en est le cinquième, donne encore 42. La réduction inverse se fait avec la même facilité.

Les grains et autres matières sèches se mesurent, dans la vente au détail, avec une mesure égale au huitième de l'hectolitre, ou à douze litres cinq décilitres. Cette mesure prend le nom de *boisseau*, et a son double, son demi et son quart.

Le quart de boisseau, égal à 3 litres $\frac{1}{8}$, est très-propre à régler la ration d'avoine pour les chevaux.

La vente en détail des graines, grenailles, légumes et farines, ainsi que celle des liquides, se fait avec les mesures qui proviennent de la division du litre en quarts, huitièmes et seizièmes.

Pour la vente au détail de toutes les substances dont le prix et la quantité se règlent au poids, on peut employer une *livre*, égale au demi-kilogramme ou à 500 grammes; laquelle se divise en seize *onces*; l'once se subdivise en huit *gros*; le gros en soixante-douze *grains*.

Ainsi, la livre usuelle vaut.	500 gm.
l'once	31,25
le Gros	3,90625

Lorsqu'une pesée exprimera des livres usuelles, il suffira donc d'en prendre la moitié pour la convertir en kilogrammes. Les deux tables suivantes peuvent aider à faire cette réduction lorsque la quantité proposée renferme des onces et des gros.

RÉDUCTION des onces et gros usuels en grammes.

	gm.
1 once vaut	31,25
2	62,50
3	93,75
4	125,00
5	156,25
6	187,50
7	218,75
8	250,00
9	281,25
10	312,50
11	343,75
12	375,00
13	406,25
14	437,50
15	468,75
1 gros vaut	3,91
2	7,81
3	11,72
4	15,63
5	19,53
6	23,44
7	27,34

Le Poids usuel étant comparé à l'ancien Poids de table, on en déduit les valeurs suivantes :

		liv.	on.	gr.	
POIDS DE TABLE.	1 livre vaut	0	13	2,05829	POIDS USUEL.
	1 once . . .	0	0	6,62864	
	1 gros . . .	0	0	0,82858	

		liv.	on.	gr.	
POIDS USUEL.	1 livre vaut	1	3	2,48108	POIDS DE TABLE.
	1 once . . .	0	1	1,65507	
	1 gros . . .	0	0	1,20688	

FIN.

www.ingramcontent.com/pod-product-compliance
Lightning Source LLC
LaVergne TN
LVHW020159030726
842520LV00003B/795

* 9 7 8 2 0 1 9 5 6 8 1 6 0 *